Ismail Musa Rilwan

Conflito e segurança alimentar no nordeste da Nigéria: Terrível e abordagem

Ismail Musa Rilwan

Conflito e segurança alimentar no nordeste da Nigéria: Terrível e abordagem

ScienciaScripts

Cover image: www.ingimage.com

This book is a translation from the original published under ISBN 978-3-659-80156-3.

Publisher:
Sciencia Scripts
is a trademark of
Dodo Books Indian Ocean Ltd. and OmniScriptum S.R.L publishing group

120 High Road, East Finchley, London, N2 9ED, United Kingdom
Str. Armeneasca 28/1, office 1, Chisinau MD-2012, Republic of Moldova, Europe
Printed at: see last page
ISBN: 978-620-8-06161-6

Índice

Resumo

Há já algum tempo que os estados do nordeste da Nigéria são afectados por conflitos baseados no terrorismo. Este facto motivou uma investigação sobre os meios de subsistência da região, centrada na segurança alimentar e na eventual relação entre as vítimas e o conflito. A investigação centrou-se na correlação entre os preços dos alimentos e os números de vítimas das zonas de conflito. Usando o método de regressão derivado de D' Souza e Jolliffe (2013) no Afeganistão, verificou-se durante a pesquisa que havia uma significância estatística ($P < 0,05$) entre a variável independente (mortalidade e vítimas) e a variável dependente dos preços dos alimentos básicos (painço) do mercado regional de grãos de Damasak. Os números relativos às baixas foram extraídos principalmente do site acleddata.com e de outros dados sobre o terrorismo global, de julho de 2009 a abril de 2014, e os preços dos alimentos foram extraídos do site fews.net. Assim, identificou-se que o conflito exacerbou o preço dos alimentos em 21% (0,21 R quadrado) com outros factores de 79% que podem ter contribuído, incluindo: alterações climáticas e stress ambiental; baixo nível de educação e ausência de boa governação. Em conclusão, os resultados são apresentados juntamente com recomendações a curto e longo prazo para os decisores políticos e analistas de investigação.

Palavras-chave: Conflito, preço dos alimentos e Nordeste da Nigéria.

Lista de acrónimos

ANPP All Nigeria Peoples Party
AQIM Al Qaeda in the Islamic Maghreb
BBC British Broadcasting Corporation
CACS Commercial Agricultural Credit Scheme
CFA West African Franc- Currency
CGE Model Computable General Equilibrium Model
CRS Catholic Relief Services
DRC Democratic Republic of Congo
DTM Displacement Tracking Matrix
FAO Food and Agriculture Organisation
GDP Gross Domestic Product
IFAD International Fund for Agricultural Development
IDP Internally Displaced Person
IOM International Organisation for Migration
MNLA *Mouvement national de liberation de l'Azawad*
MUJAO *Mouvement pour l'Unicite et le Jihad en Afrique de l'Ouest*
NEMA National Emergency Management Agency
NGO Non Governmental Organisation
NIS New Israeli Shekel –Israeli Currency
NRVA National Risk Vulnerability Assessment
OCHA Office for the Coordination of Humanitarian Affairs
PDP Peoples Democratic Party
SAM Social Accounting Matrix
SPLA Sudan People's Liberation Army
UN United Nation
UNICEF United Nation International Children's Emergency Fund
WFP World Food Program

Agradecimentos

Esta dissertação não teria sido possível sem o incentivo, os conselhos e o apoio do Dr. Andrew Adam-Bradford, que merece um agradecimento especial e uma apreciação profunda.

Em particular, gostaria de estender o meu agradecimento ao fews.net pelo fornecimento dos preços dos alimentos (painço) no mercado regional de Damasak (nordeste da Nigéria). De igual modo, agradeço especialmente a acleddata.com pelo fornecimento do número atualizado de baixas nos estados em conflito do nordeste da Nigéria, e o mesmo se aplica aos dados globais sobre terrorismo (start.umd.edu) e a alguns sites de notícias e jornais internacionais e locais.

Estou grato ao Barr. Muhammad Ibrahim Bukar, natural do nordeste da Nigéria, pelo fornecimento de algumas informações úteis. O meu apreço vai também para Henry Nden (doutorado) por ter ajudado na revisão do trabalho.

A minha profunda e estimada consideração vai para o meu pai, Engr. Musa Rilwan, e para a sua família, pela sua extrema atenção e pelo seu interminável apoio diário, pela sua amizade e pelos seus votos de felicidades.

Capítulo 1

1.0 INTRODUÇÃO E ANTECEDENTES

Os atentados terroristas sem sentido aumentaram de um ponto baixo em cerca de 500%, com um número recorde de 204 em 2009, por grupos violentos do Norte de África (Bertolucci e Corman 2014). Esta tendência revela o grau de aumento da atividade terrorista na região. Um dos principais responsáveis pela instabilidade na região é a Al-Qaeda no Magrebe Islâmico (AQIM), que prometeu formalmente fidelidade e solidariedade à Al-Qaeda em 2007 (Bertolucci e Corman 2014). Nos últimos tempos, a intrincada ligação entre estes grupos tornou-se preocupante e uma questão de preocupação tanto a nível regional como internacional (Freedom e Ezirim 2013).

A África Ocidental, em particular, tem assistido a um aumento dos conflitos e das actividades baseadas no terrorismo, com a influência da AQMI, do Movimento para a Unidade e a Jihad na África Ocidental (MUJAO), do Ansar Dine, do Ansaru (Jama'tu *Ansarul Muslimina Fi Biladi Sudan)* e do Boko Haram *(Jama'tuahlussunahlida'awatiwal jihad) (Freedom* e Ezirim 2013). Apesar da crescente notoriedade do Boko Haram, um pequeno grupo sectário, este continua a ser um desafio em toda a região, estando a parte norte da Nigéria no centro do conflito.

1.1 ANTECEDENTES HISTÓRICOS DA ZONA DE CONFLITO

As actividades dos terroristas no nordeste da Nigéria generalizaram-se, resultando na criação de uma zona de conflito desde 2009. Nesta investigação, o terrorismo é definido como o uso premeditado da violência por certos indivíduos para causar medo, destruição ou morte contra alvos desarmados e propriedades num Estado com uma ideologia e uma exigência política pretendidas (Freedom e Ezirim 2013).

A ideologia do Boko Haram tem vindo a ocupar a região nordeste da Nigéria, com o aparecimento de um grupo extremamente violento que jurou fidelidade a um académico religioso do Estado de Yobe chamado Mohammed Yusuf (Bodansky 2015). Em 2002, o grupo foi batizado com o nome de Yusufiyya Da'awa ("Discípulos de Yusuf" em árabe) e, mais tarde, em 2009, com o nome de Boko Haram (que significa que a educação ocidental é pecado e proibida em língua hausa). Em 2004, o grupo mudou-se de Maiduguri, no Estado de Borno, para Kanamma, no Estado de Yobe, perto da fronteira com a República do Níger. Pouco tempo depois, o destacamento do grupo começou a atacar postos avançados da polícia (Bodansky 2015).

No início de 2009, Mohammed Yusuf declarou guerra ao Estado nigeriano, ameaçando a democracia e o sistema educativo de base ocidental. Em julho, eclodiram confrontos entre os extremistas muçulmanos e as forças de segurança nigerianas. Pela primeira vez, o Boko Haram usou armas de fogo pesadas contra mesquitas islâmicas rivais, igrejas e prisões locais

(Bodansky 2015). Em 30 de julho, o líder da seita, Mohammed Yusuf, foi morto quando se encontrava sob custódia policial em Maiduguri, juntamente com o seu principal financiador, Alhaji Buji Foi, o que levou à morte de cerca de 800 pessoas no total, das quais se estima que 500 sejam membros do Boko Haram (Bodansky 2015).

Em meados de junho de 2010, o chefe do grupo, Abubakar Shekau, num comunicado (Bodansky 2015), associou-se finalmente ao movimento jihadista global através da entidade regional AQIM e do Estado Islâmico do Iraque e da Síria (ISIS).

O aspeto socioeconómico não pode ser ignorado com as suas implicações no Nordeste da Nigéria. Para além do custo humano resultante da crise e do conflito com o Boko Haram, as atrocidades dificultaram as actividades comerciais, resultando em ataques hediondos sem precedentes a mercados, bancos e outras instituições económicas (Awojobi 2015). O capital humano e os investidores foram prejudicados devido aos ataques frequentes e persistentes a locais públicos, o que levou à migração de pessoas para outras partes do país (Awojobi 2015). Por exemplo, o mercado de segunda-feira de Maiduguri, conhecido como o maior da cidade, tem sido alvo de ataques constantes e está agora seriamente afetado, uma vez que centenas de proprietários de lojas, na sua maioria sulistas, terão encerrado as suas actividades e abandonado a cidade volátil e as zonas propensas (Awojobi 2015). De igual modo, o horário de trabalho de alguns bancos comerciais e dos agentes financeiros nas zonas afectadas pelo conflito foi reduzido de oito para três horas (Mohammed 2012 citado por Awojobi 2015).

Sendo o impacto na segurança multidimensional, os custos sociais associados ao conflito na zona nordeste são alarmantes. Em abril de 2014, cerca de 250 estudantes do sexo feminino foram raptadas. Esta situação deu origem a uma campanha de sensibilização da comunidade internacional, mas todos os esforços envidados para salvar as *"raparigas de Chibok"* com a campanha (#Bring Back Our Girls) foram em vão e também evitados pelos grupos militares conjuntos. A situação tornou o ambiente educativo intolerável e pouco propício, impedindo os alunos de frequentar as escolas, enquanto alguns foram transferidos para várias regiões para dar continuidade ao ensino (Awojobi 2015). Ambos os locais de culto (igrejas e mesquitas) ficaram desertos. O National Youth Service Corp (NYSC), que é um serviço nacional ao Estado para os jovens que completam o ensino superior, desmoronou-se nos Estados afectados (Awojobi 2015).

1.2 O QUE É A SEGURANÇA ALIMENTAR?

Embora a maior parte da investigação e da literatura tenha considerado os aspectos da vida e da propriedade como resultado do conflito, esta investigação pretende estabelecer as ligações com o aspeto da segurança alimentar da região, por exemplo, a forma como o conflito cívico está associado à segurança alimentar, analisando predominantemente o *"acesso aos alimentos"*, ou seja, o preço dos alimentos no Nordeste da Nigéria. O conflito cívico é aqui definido como um conflito armado entre o Estado e grupos terroristas da oposição que têm como objetivo assumir o controlo do governo central aplicando a sua própria ideologia, exigências e crenças (Brinkman e Hendrix 2013).

De acordo com a FAO (2006), existe segurança alimentar quando todas as pessoas, em todos os momentos, têm acesso físico e económico a alimentos suficientes, seguros e nutritivos que satisfaçam as suas necessidades dietéticas e preferências alimentares para uma vida ativa e saudável. As dimensões associadas à segurança alimentar são: disponibilidade; acesso; utilização e; sustentabilidade suficiente. A ausência de uma dimensão ou pilar da segurança alimentar pode ser designada como insegurança alimentar. A "disponibilidade" de alimentos é a quantidade suficiente de alimentos de qualidade adequada que é fornecida através da produção nacional ou de importações, o que inclui a ajuda alimentar, enquanto o "acesso" aos alimentos se refere aos direitos ou recursos físicos e económicos que o indivíduo utiliza para adquirir bens (alimentos). Para ter segurança alimentar, os indivíduos devem ter acesso a alimentos nutritivos desejados em todos os momentos; no entanto, o conceito refere-se tanto à dimensão da disponibilidade como do acesso (FAO 2006).

A insegurança alimentar, particularmente quando causada pelo aumento do preço dos alimentos (acesso), representa uma ameaça e um multiplicador de impacto para o conflito cívico. A insegurança alimentar pode não ser necessariamente um fator causal direto da violência, mas antes estar enredada e associada a outros factores, por exemplo, nas esferas política ou económica (Brinkman e Hendrix 2011). A insegurança alimentar nem sempre está associada à violência ou ao conflito, no entanto, a primavera Árabe foi prova suficiente que correlaciona a insegurança alimentar (preço dos alimentos) e o conflito em 2008 (Brinkman e Hendrix 2011).

1.3 IMPACTO DOS CONFLITOS NA SEGURANÇA ALIMENTAR NA REGIÃO

De acordo com um inquérito da Iniciativa para o Crescimento de África da Brookings, um relatório do Relatório sobre o Investimento Mundial das Nações Unidas de 2013, o investimento direto estrangeiro da Nigéria caiu 23% de 2011 para 2012, o que foi atribuído às actividades do Boko Haram (Kimenyi *et al* 2014). Nas conclusões, afirma-se que o conflito contribuiu substancialmente para o aumento dos preços dos géneros alimentícios para as principais exportações de produtos agrícolas do Norte da Nigéria para o resto da Nigéria, o Níger e os Camarões (Kimenyi *et al* 2014).

O aumento dos preços dos produtos alimentares em toda a região (Nordeste) deveu-se a uma combinação de factores. Em primeiro lugar, verificou-se uma redução adequada da atividade laboral em resultado de graves ataques hediondos e irracionais a agricultores inocentes no seu caminho, pelo que tanto os agricultores como os trabalhadores passaram a dedicar pouco tempo às actividades agrícolas (Kimenyi *et al* 2014). Subsequentemente, os agricultores sofreram um aumento dos preços e uma menor disponibilidade, tendo de percorrer distâncias maiores para obter sementes, herbicidas e fertilizantes melhorados (Kimenyi *et al* 2014).

Nesta perspetiva, o custo da produção alimentar na região aumentou.

A zona de conflito reduziu o interesse e a confiança dos investidores. Esta situação foi constatada a partir de um registo que mostra que o montante médio dos empréstimos garantidos pelos Sistemas de Crédito Agrícola Comercial (CACS), que é um fundo introduzido pelo Banco Central principalmente para conceder empréstimos, foi inferior, sem acesso no Nordeste, em resultado de uma perda de confiança nas actividades agrícolas (Kimenyi *et al* 2014). Os serviços governamentais, por exemplo, os serviços de extensão agrícola e os institutos de investigação reduziram as suas actividades, uma vez que a zona de conflito continua a ser volátil. As actividades do Instituto de Investigação do Lago Chade foram fortemente prejudicadas, o que levou ao cancelamento do dia de campo dos agricultores de 2014 (Kimenyi *et al* 2014).

Numa publicação do Mediterranean Journal of Social Sciences, foi realizado um inquérito por questionário a 222 indivíduos para avaliar que sector foi extremamente afetado com o aparecimento do Boko Haram na capital de Borno, Maiduguri. Os resultados mostraram que cerca de 56,3% eram da opinião de que o sector agrícola tinha sido negativamente afetado e que a produção alimentar e as empresas tinham sido prejudicadas. Além disso, 12,6% dos inquiridos consideram que o sector da educação foi prejudicado, enquanto 8,6% afirmam que o sector da segurança entrou em colapso e 4% consideram que o sector governamental foi mesmo abandonado. Alguns inquiridos acreditam que, em resultado do conflito, o sector religioso foi afetado em 9,9% e outros acreditam unanimemente que o sector económico foi negativamente afetado em 8,6% (Awodola e Oboshi 2015).

Do mesmo modo, de acordo com a investigação levada a cabo por Awodola e Oboshi (2015), os ataques irracionais do Boko Haram passaram do confronto com militares ou pessoal de segurança para alvos fáceis, como os mercados. Os mercados de Gamboru, Baga e Monday eram historicamente conhecidos como centros de venda de fruta e outros bens perecíveis. O preço do transporte e o número de pontos de controlo de segurança à volta do mercado desertificaram o comércio local e tornaram-no inabitável, sem confiança para os clientes (Awodola e Oboshi 2015).

Como já foi referido, a "disponibilidade" e a "acessibilidade" foram desmoronadas na cidade (Maiduguri). Como tal, o inquérito realizado por Awodola e Oboshi (2015) foi mais longe na investigação sobre a forma como o sector agrícola foi afetado. Os resultados mostraram que, entre 222 inquiridos, 34,7% eram da opinião de que o preço dos produtos alimentares tinha sido afetado; 19,3% sugeriram que o sistema de abastecimento alimentar tinha sido afetado negativamente; 31,1% eram da opinião de que o acesso aos alimentos tinha sido afetado, enquanto uma percentagem razoável de 31,1% concluiu que a agricultura e a pecuária tinham entrado em colapso durante o conflito (Awodola e Oboshi 2015).

1.4 VULNERABILIDADE DA REGIÃO

A Nigéria é um dos maiores produtores de petróleo de África, mas o sector tem sido afetado e manchado pela corrupção e má gestão. A parte Norte é considerada mais pobre do que a parte Sul, em particular o Nordeste, com 65,02 de incidência de pobreza (Awopeju 2014). De acordo com um relatório, o Nordeste tem a taxa de pobreza mais elevada, com os homens a não terem um nível de escolaridade substancial (AOAVB 2015). É muito importante notar que o fracasso atual dos líderes da nação em estruturar uma governação boa e inclusiva, um progresso económico real e uma economia insustentável conduziu à pobreza em massa, ao desemprego e, assim, criou um terreno fértil para a ideologia fanática endémica religiosa que se esforça no Nordeste da Nigéria (Salawu 2010 citado Awojobi 2015). A crise comunal, étnica e religiosa que afecta atualmente o país é prova disso. Nomeadamente, a pobreza, os baixos níveis de educação, o desemprego e a atitude indiferente do governo em relação à região transformaram-na num viveiro e num reservatório de produção de combatentes mercenários para uma ideologia fanática extrema (Boko Haram).

Em todas as situações, é o agrário que deixa a terra por último e regressa primeiro, porque é a principal fonte de subsistência, como se vê sobretudo nos países em desenvolvimento. Com uma situação económica debilitada e negligente e a negligência do sector educativo da região por parte do governo, a agricultura é a única opção. A região é caracterizada por um clima relativamente húmido e molhado, pelo que a agricultura serve amplamente como meio de subsistência. Com uma vegetação tipicamente de savana, arbustos e bosques esparsos, as culturas e a criação de animais são bem adaptadas e amplamente aceites. O sistema de cultivo foi considerado quase semelhante em toda a região devido à vegetação e ao terreno. As duas estações principais são utilizadas para as actividades de produção agrícola. As principais culturas são o painço, o sorgo, o milho, o feijão-frade, o amendoim e os legumes (Amaza *et al* 2007).

A pobreza foi considerada um dos factores que contribuíram para que a região se transformasse num conflito e num estado altamente instável. Neste contexto, a pobreza é definida como a incapacidade de um agregado familiar individual de obter as necessidades básicas de alimentação, vestuário e abrigo, a obrigação socioeconómica e a privação de comodidades sociais básicas (Amaza *et al* 2007). Além disso, alguns factores que podem ter contribuído para a instabilidade alimentar são a vulnerabilidade da região, por exemplo, nas áreas rurais da região onde a agricultura é praticada principalmente, um agregado familiar é considerado seguro alimentar quando a dimensão da exploração agrícola do agregado familiar é substancialmente grande, com um mínimo de 0,1 ha e um máximo de 41 ha. Por outras palavras, com a queda de alguns governos locais para o Boko Haram, há uma tendência para que alguns agregados familiares percam terras agrícolas e sejam invariavelmente considerados em situação de insegurança alimentar. A experiência agrícola dos chefes de família é também um fator determinante, porque com o aumento contínuo da mortalidade, há uma tendência para que os chefes de família experientes sejam mortos, o que indiretamente torna a família em situação de insegurança alimentar. A estrutura das empresas do agregado familiar pode provavelmente contribuir para a insegurança alimentar do agregado familiar durante a crise, ou seja, o agregado familiar que se dedica apenas à agricultura pode provavelmente estar em situação de insegurança alimentar e não ser resiliente como resultado da ausência de diversas estruturas empresariais envolvendo actividades não agrícolas (Amaza *et al* 2007).

No entanto, verificou-se que houve uma distribuição de cereais a partir das reservas alimentares coordenada pelo então ministro das finanças júnior Bukar Tijjani Ngama nos estados de Borno, Yobe e Adamawa, o que provocou acusações de favoritismo político. Em meados de julho de 2013, tinham sido distribuídas cerca de 19 500 toneladas de milho, sorgo e milho painço pelos Estados. No entanto, foram levantadas algumas acusações de nepotismo a regiões que são população do partido PDP, que controlava então o governo central, enquanto Yobe e Borno eram controlados pela oposição, a ANPP, que se fundiu com três outros partidos num mega partido que controla atualmente o governo central (Irinnews 2013a).

A investigação incidirá sobre os níveis de segurança alimentar e o número de vítimas. Os factores associados à produtividade agrícola são a terra, o trabalho, o capital e o conhecimento. Os conflitos têm um efeito de agravamento e de cascata para cada indivíduo, o que pode afetar a dimensão da segurança alimentar, as instituições e os instrumentos. A instabilidade afecta direta ou indiretamente o nível de produção. Como tal, a investigação considerará o capital como um agente da produção agrícola, tendo em conta o "preço dos alimentos" e a forma como este tem sido prejudicado pela presença de conflitos causados pela ideologia fanática do Boko Haram. O painço é conhecido como uma das principais culturas agrícolas produzidas na região e uma importante fonte de subsistência para os agricultores devido ao clima, à vegetação e às tendências tradicionais da região.

Consequentemente, considera-se que o painço avalia a produtividade e a natureza do capital da região na atualidade. Damasak é um dos principais mercados de cereais da região, que serve os dois países vizinhos, o Chade e a República do Níger. O preço dos alimentos (painço) é obtido a partir de registos de mercados regionais de renome, juntamente com registos de fatalidades de julho de 2009 a abril de 2014, tendo em consideração um período de 46 meses para a análise estatística.

1.5 QUESTÃO DE INVESTIGAÇÃO

Essencialmente, a alimentação é um dos fundamentos básicos da existência humana no âmbito das necessidades hierárquicas humanas. A desumanidade/desumanidade da "humanidade" tem basicamente espalhado o risco de comprometer invariavelmente a segurança alimentar, resultando em vulnerabilidade. Com o aparecimento do terrorismo e dos conflitos, os investigadores e analistas têm-se empenhado constantemente em descobrir de que forma a instabilidade agrava a segurança alimentar, sobretudo nos países em desenvolvimento. No entanto, a insegurança alimentar pode ser explicada e relacionada com base em diferentes factores de contribuição durante uma situação de conflito. Nesta perspetiva, a investigação tem como objetivo encontrar uma relação entre a insegurança alimentar associada ao conflito e o preço e a produção do alimento mais básico (painço) no Nordeste da Nigéria. Isto conduziu a algumas questões;

1- Existe uma relação entre o preço dos géneros alimentícios (variável dependente) e o indicador de conflito que é o número de vítimas (variável independente) no Nordeste da Nigéria?

2- O conflito exacerba a insegurança alimentar ou a insegurança alimentar exacerba o conflito no Nordeste da Nigéria?

3- Que factores podem contribuir para a (in)segurança alimentar no Nordeste da Nigéria?

1.6 HIPÓTESE

H_0 : Não existe qualquer inter-relação entre o preço dos alimentos (painço) e o indicador de conflito (baixas) no Nordeste (Borno, Adamawa e Yobe), Nigéria.

H_1 : Existe uma inter-relação entre o preço dos alimentos (painço) e o indicador de conflito (baixas) no Nordeste (Borno, Adamawa e Yobe), Nigéria.

1.7 FINALIDADE E OBJECTIVO

Com a atual instabilidade que se vive na África Subsaariana, no Médio Oriente e em partes da Ucrânia, é necessário que os analistas e investigadores investiguem a segurança alimentar tanto a nível macro como micro. Como tal, esta investigação pretende fornecer uma quota no Nordeste da Nigéria engolfada pela crise do Boko Haram. É necessário:

1- Avaliar a segurança alimentar com uma visão geral associada ao preço dos alimentos mais básicos e às instabilidades.

2- Examinar se existem outros factores que possam agravar o preço dos alimentos (painço) na região.

3- Ver se o "conflito influencia a insegurança alimentar" ou se a "insegurança alimentar influencia o conflito" na região.

Capítulo 2

2.0 REVISÃO DA LITERATURA

O sistema de comercialização, enquanto ligação entre os produtores e os consumidores de alimentos, é fundamental neste tipo de investigação (Baulch 2001). Para avaliar a segurança alimentar atual, particularmente o preço dos alimentos, é necessário compreender os mercados e a visão geral da comercialização na região. Um fator determinante para o sistema de mercado que serve de interface entre produtores e consumidores são as *transformações de mercado*. Nesta investigação, os factores de transformação do mercado são basicamente: produção, processamento, armazenamento e transporte (Baulch 2001). Estes factores são os principais determinantes e contribuintes para a estabilização dos preços.

Segundo um relatório da Irinnews (2013b), mais de 400 000 pessoas no nordeste da Nigéria foram obrigadas a fugir das povoações devido à instabilidade provocada pelos extremistas do Boko Haram. A situação deixou as pessoas sem acesso a água, alimentos, abrigo e necessidades básicas. A maioria dos colonos partiu sem "tostão" e sem destino. De acordo com o Alto Comissariado das Nações Unidas para os Refugiados (ACNUR), cerca de 150.000 pessoas refugiaram-se em países vizinhos, como o Níger, o Chade e os Camarões, prevendo-se que esse número possa ainda aumentar. Foi registado que, entre janeiro e novembro de 2013, houve cerca de 700.000 pessoas deslocadas internamente, segundo a Agência Nacional de Gestão de Emergências da Nigéria (NEMA) (Irinnews 2013b).

De acordo com o Gabinete de Coordenação dos Assuntos Humanitários (OCHA), estima-se que cerca de cinco milhões de pessoas se encontravam em situação de insegurança alimentar em 11 estados do norte da Nigéria, sendo a parte nordeste gravemente afetada. Prevê-se que os números aumentem na sequência da perturbação das actividades agrícolas e comerciais e da destruição das colheitas e das terras agrícolas. Além disso, o Governo nigeriano estimou que a produção em 2014 registou uma quebra de 26% no Estado de Borno, de 21% no Estado de Yobe e de 14% no Estado de Adamawa (Irinnews 2013b).

No entanto, este capítulo, em particular, visa rever certas literaturas e estudos de caso sobre como o conflito, o terrorismo ou a instabilidade afectam um dos transformadores mencionados, que pode ter tido uma correlação negativa com a estabilidade dos preços, afectando invariavelmente o preço dos alimentos (acesso aos alimentos).

Numa literatura apresentada por D'Souza e Jolliffe (2013), havia provas robustas no Afeganistão de que, com os níveis de conflito, havia um declínio nos níveis de segurança alimentar. Em algumas províncias, observou-se uma correlação negativa entre o preço dos alimentos e o nível de conflito, em resultado da desconexão dos mercados. O transporte é um dos principais factores de contestação da transformação do mercado. As províncias em conflito estavam distanciadas e desconectadas dos mercados, como tal, com um impacto negativo na estabilização dos preços, conforme demonstrado pelo modelo empírico e pelos resultados. A pesquisa realizada foi a primeira a avaliar a associação empírica entre alimentação e conflito no Afeganistão (D'Souza e Jolliffe 2013). Foi obtida uma fonte combinada de dados primários: dados sobre os agregados familiares e os preços da Avaliação Nacional de Risco e Vulnerabilidade (NRVA) e da segurança das Nações Unidas. Foi utilizada uma abordagem estratificada em termos de análise estatística com uma amostra de 20.483 agregados familiares em 34 províncias. Os casos de incidentes utilizados foram o rapto, o ataque aéreo, o confronto armado, o assassinato por detenção, a detonação de bombas e os ataques suicidas (D'Souza e Jolliffe 2013). Observou-se um grande declínio, com uma queda de 30 por cento no valor real do consumo de alimentos. O aumento dos preços registou-se principalmente na farinha de trigo, o alimento básico afegão. O resultado foi obtido através de uma análise descritiva do quadro de regressão multivariada (D'Souza e Jolliffe 2013).

Ihle e Rubin (2013) apresentaram uma investigação sobre as "consequências de políticas alimentares não intencionais: dinâmica dos preços dos alimentos no âmbito do conflito israelo-palestiniano". A investigação categorizou amplamente os factores que influenciam o preço dos alimentos em factores intencionais e não intencionais. As políticas intencionais que desempenharam um papel como intervenção no mercado alimentar pelo governo foram através da produção, processamento e consumo, que são determinantes na transformação dos mercados (Ihle e Rubin 2013). O fator não intencional das políticas alimentares foi a restrição da circulação entre a Cisjordânia e Israel por razões de segurança. Foram montados pontos de controlo, portões e outros bloqueios temporários na rota que tiveram impacto nas actividades diárias de transporte, particularmente no comércio (Ihle e Rubin 2013). A presença de um tempo mais longo passado nos controlos de segurança e uma distância mais longa influenciaram o custo das transacções e o frete. A análise centrou-se nas frutas e legumes, sobretudo maçãs e pepinos, necessários aos agregados familiares de ambas as regiões. Em 2010, Israel importou cerca de 18 778 toneladas para consumo doméstico e 12 859 toneladas para transformação doméstica (Ihle e Rubin 2013). O preço diário de ambos os produtos em Telavive e Hebron foi recolhido utilizando Novos Shekels Israelitas (NIS) por quilograma. Os resultados mostraram que as restrições de movimento cortaram temporariamente a fruta (maçã) em Telavive. A pesquisa concluiu e forneceu fortes evidências de que a medida de segurança iniciada desempenhou um papel nos preços e no comércio de alimentos, como visto por uma redução significativa e supressão do comércio dentro de restrições de curto prazo (Ihle e Rubin 2013). A situação conduziu a um agravamento cumulativo em ambas as regiões, em termos de actividades agrícolas, por exemplo, a mão de obra foi afetada em Israel com restrições à circulação. Os trabalhadores com baixos rendimentos foram afectados de forma semelhante na Palestina. Assim, um dos factores da produção agrícola, a mão de obra, foi invariavelmente afetado, afectando a estabilidade dos preços. Também o transporte é uma dimensão a ter em conta nos transformadores do mercado e este foi afetado, o que terá sido um fator que contribuiu para o aumento dos preços da fruta e dos produtos hortícolas.

Foi claramente notado que durante o conflito no Nepal, que ocorreu de 1996 a 2006 entre os rebeldes maoístas e o governo nepalês, o nível de segurança alimentar foi prejudicado e afetado (Seddon e Adhikari 2003). A situação de conflito afectou a produção alimentar, com os jovens das zonas rurais a serem forçados a juntar-se aos maoístas ou a fugir para evitar o recrutamento, o que impediu diretamente os membros do agregado familiar que estavam em condições de trabalhar e de contribuir para a produção alimentar. As existências e os armazéns de produtos alimentares foram afectados, por exemplo, os armazéns do Programa Alimentar Mundial (PAM) foram saqueados e os programas de alimentos para o trabalho foram interrompidos. Verificou-se que o preço dos alimentos aumentou e se agravou nas zonas remotas em consequência da desconexão do mercado regional (Seddon e Adhikari 2003). Além disso, verificou-se uma insegurança alimentar crónica e aguda na zona de Karnali. A situação era crítica na zona de Karnali devido a factores inter-relacionados: explosão demográfica resultante da imigração; presença de uma pequena proporção de terra dedicada à agricultura e aplicação de tecnologia primitiva, o que explicava o crescente défice alimentar e a insegurança alimentar. Nesta perspetiva, o conflito agrava a insegurança alimentar em certos casos, juntamente com alguns factores agravantes, como se verificou na zona de Karnali, no Nepal, durante a instabilidade (Seddon e Adhikari 2003).

Gupta *et al* (2011) efectuaram uma investigação para estimar o custo do conflito e aumentar a segurança alimentar no Sudão do Sul. O país enfrenta uma ameaça à segurança alimentar resultante de um conflito histórico prolongado, da vulnerabilidade em termos de infraestruturas fracas e do stress ambiental extremo (Gupta *et al* 2011). As conclusões indicam que a produtividade limitada e o elevado custo de comercialização da produção tornaram os produtos de consumo local no país pouco competitivos em relação aos alimentos básicos importados. Isto é atribuído à ausência de infra-estruturas de transporte, indisponibilidade de insumos adequados, falta de acesso aos mercados e falta de serviços agrícolas extensivos contribuíram para o aumento do preço no mercado interno do país com instabilidade prolongada (Gupta *et al* 2011).

O conflito e a insegurança alimentar estão sempre interligados. Isto porque o conflito conduz à insegurança alimentar e a insegurança alimentar agrava o conflito. A proporção de insegurança alimentar considerada como causada pelo homem tem aumentado ao longo do tempo (Flores 2004). O conflito e o estado económico foram considerados os principais contribuintes para as emergências alimentares entre 1992 e 2003, citados com um aumento de mais de 35 por cento em comparação com 15 por cento entre 1986 e 1991 (Flores 2004).

Flores (2004) centrou-se na Serra Leoa e na Libéria e na análise alimentar durante o período de conflito. A estabilidade da segurança alimentar e os factores que contribuem para o abastecimento e o acesso, ou seja, o preço, o clima e o cenário político, foram assinalados

(Flores 2004). Na Serra Leoa, as actividades agrícolas representavam 31% no início da independência. A guerra civil fez o PIB do país disparar, afectando invariavelmente a agricultura e a segurança alimentar em geral (Flores 2004).

Não há dúvida de que o conflito pode exacerbar os níveis de insegurança alimentar com a interrupção do acesso à preparação de alimentos e às instalações de saúde (Simmon 2013). Em caso de insegurança alimentar aguda resultante de um conflito, esta tem um efeito duradouro nas crianças, comprometendo o seu estado nutricional, sobretudo as que têm menos de dois anos de idade (Simmon 2013). Esta questão levou investigadores, analistas e académicos a examinar a relação entre a forma como o conflito catalisa a insegurança alimentar e a insegurança alimentar exacerba o conflito.

Simmon (2013) apresentou resultados que avaliaram a forma como o conflito afecta todas as dimensões da segurança alimentar. O ponto de vista afirmava que o conflito perturba os níveis de produção e impede as operações normais de agricultura, pesca e pastoreio. Por exemplo, num estudo de 14 países, verificou-se que o nível médio de produção foi 12,3 por cento mais baixo durante o período de conflito, com reduções elevadas observadas nos agricultores angolanos, com uma redução de cerca de 44 por cento (Messers *et al* 2000 citado por Simmons 2013). O conflito afecta evidentemente as operações de pastoreio, como se viu no Uganda, onde os agregados familiares mudaram da produção de gado para pequenos ruminantes como forma de reduzir o nível de risco e vulnerabilidade (Rockmore 2012 citado Simmons 2013). De acordo com uma avaliação global, durante o conflito "genocídio" no Uganda, registaram-se perdas de valores agrícolas no valor médio de 4,3 mil milhões de dólares por ano entre 1970 e 1997 (Simmons 2013). O recrutamento de 'crianças-soldado' para o conflito também contribuiu para a falta de mão de obra em termos de trabalho em várias componentes da produção agrícola, o que pode ter deixado as mulheres e as crianças pequenas a contribuir menos para a atividade agrícola (Simmons 2013). Os conflitos deslocam os indivíduos para a sua segurança, mas muitas vezes deixam a maior parte dos seus bens para trás, acabando assim como pessoas deslocadas internamente (IDPs) ou refugiados. Estima-se que mais de 400.000 malianos, principalmente pastores, pastores e agricultores, foram deslocados durante uma instabilidade em janeiro de 2012 (Simmons 2013).

Ele também fez uma tentativa sobre como os conflitos afectam a segurança alimentar e a agricultura, mesmo no período pós-conflito. Por exemplo, durante o conflito na República Democrática do Congo, foi explorada a extração não regulamentada de columbina e tantalite, o que tornou a terra inadequada mesmo após a instabilidade (Simmons 2013). Num estado de conflito, o governo dá prioridade à compra de armas e armamento para proteger os seus interesses, afectando assim invariavelmente a agricultura e o orçamento da segurança alimentar, principalmente nos países em desenvolvimento com uma economia mais baixa. Na mesma linha, apresentou como as instituições de segurança alimentar foram negativamente prejudicadas, como se viu na guerra civil de Moçambique, onde se registou uma redução de dois terços nas barragens operacionais e nos viveiros de plantas, e um caso semelhante foi também observado no genocídio do Ruanda, que deixou o gado nacional reduzido em 50% (Verpoorten 2009 citado Simmons 2013).

O acesso económico e físico é designado por "acesso alimentar". Esta investigação pretende debruçar-se sobre a correlação e a interface que perturbaram este "acesso alimentar" em resultado da instabilidade. A recente instabilidade política que levou à insurreição não pode ser ignorada, uma vez que tem uma ligação com a rede global de terrorismo, tanto a nível regional como continental. Este fenómeno pode levar um país a uma situação de insegurança alimentar a nível macro e micro. O nível macro de segurança alimentar é basicamente sustentado pela taxa de câmbio, inflação, balança de pagamentos e orçamento do governo, também designado como estratégia de desenvolvimento e macro política, enquanto o nível micro de segurança alimentar é basicamente estruturado pelo rendimento real do agregado familiar e pelo ambiente familiar associado às políticas sociais e ao investimento (Ecker *et al* 2010). Estas estruturas, tanto a nível macro como micro, são prejudicadas e esfarrapadas em resultado do conflito no Iémen, que afectou diretamente as dimensões da segurança alimentar. Neste contexto, a segurança alimentar a nível macro é definida como a disponibilidade nacional de alimentos que equivale à procura da população do país num determinado momento e a segurança alimentar a nível micro é considerada a nível da segurança alimentar dos agregados familiares e da distribuição de alimentos no seio do agregado familiar (Ecker *et al* 2010). O documento de Ecker *et al* (2010) identificou alguns indicadores básicos do que foi afetado e resultou em insegurança alimentar. Em primeiro lugar, o rácio entre a exportação total e a importação de alimentos foi analisado como um dos factores-chave que contribuem para o nível macro da segurança alimentar. Ao nível micro, foram medidas as estimativas do consumo e das necessidades alimentares e calóricas. No entanto, foi utilizado um modelo de equilíbrio geral computável para captar os principais aspectos de como as crises tiveram um impacto negativo nos alimentos, nos combustíveis e nas crises financeiras. O modelo CGE dinâmico foi utilizado em colaboração com a matriz de contabilidade social (SAM). Os resultados concluíram que 32,1 por cento dos iemenitas sofrem de insegurança alimentar e 57,9 por cento são crianças subnutridas (Ecker *et al* 2010).

Acaps (2012) apresentou uma investigação semelhante, em que os rebeldes liderados pelos tuaregues, conhecidos como Movimento para a Libertação do Azawad (MNLA), também em aliança com a AQIM, o MUJAO e a Al-Qaida, lançaram a sua ideologia fanática que conduziu à instabilidade no Mali, em 2012. A instabilidade e a seca na mesma região exacerbaram o elevado preço dos alimentos, que afectou 1,76 milhões de pessoas na parte norte do país (acaps 2012). A situação provocou alguns factores que contribuíram para a insegurança alimentar, por exemplo, os cereais, sobretudo o sorgo e o painço, considerados alimentos básicos nas famílias maioritariamente rurais, eram deficitários e tinham de ser adquiridos no sul do Mali, na Argélia ou no Níger (acaps 2012). O acesso geral ao mercado (transporte), uma vez que um dos transformadores do mercado estava desfeito no extremo norte e nordeste, e o pastoreio era difícil (acaps 2012). Gao, Tombouctou, Ansongo e Kidal, no lado norte, foram muito afectados e sofreram um revés com mais de 20% dos agregados familiares em situação de insegurança alimentar grave durante o período de escassez. As instituições financeiras deixaram de funcionar, o que agravou os preços elevados dos cereais, superiores à média dos últimos cinco anos (acaps 2012). No entanto, para travar a situação, o governo começou a eliminar os impostos sobre os produtos alimentares básicos importados.

A atual crise no mais novo país do mundo, o Sudão do Sul, é objeto de muita literatura, que tem demonstrado, em particular, a forma como o conflito conduziu o país à insegurança humana e alimentar. O país tornou-se independente em 2011. Em 2013, eclodiu uma guerra civil entre duas facções, em resultado de divisões no SPLA (Exército de Libertação do Povo do Sul).

Os principais mercados de cereais do país são Bor, Wau, Aweil, Bentiu, Kapoeta, Juba e Malakal (fews.net 2015). Este último foi destruído desde meados de dezembro de 2013 devido ao aumento dos níveis de conflito. A disponibilidade de alimentos, uma dimensão da segurança alimentar, está gravemente condicionada, com o acesso (capacidade económica) a ser prejudicado ao longo do corredor entre Rumbek e Bentiu, que liga à fronteira etíope (fews.net 2015). No entanto, os alimentos básicos são transportados de ambos os pólos do país; do norte do Sudão e do sul do Uganda, o que tornou a situação controlável e estabilizou a situação da segurança alimentar.

A Fews.net avaliou a situação atual na Somália relativamente à insegurança alimentar grave. De acordo com o alerta, a instabilidade prejudicou os meios de transporte, bloqueando o acesso rodoviário a Bakool e ao sul de Hiraan durante cerca de seis meses, paralisando as actividades financeiras e prejudicando a produtividade do trabalho (fews.net 2015). O transporte é um dos *factores de transformação do mercado e,* como já foi referido, esta dimensão foi afetada. O resultado foi uma subida dos preços dos alimentos, que aumentaram drasticamente nas cidades, ao mesmo tempo que a mão de obra também diminuiu. Verificou-se que as famílias ficaram apenas com os alimentos da última colheita, com a indicação de que o rendimento a obter nos próximos meses será também dedicado ao pagamento de certas dívidas. Com os actuais níveis de produção abaixo da média em cerca de quatro épocas passadas, acredita-se que o nível de insegurança alimentar se prolongue tanto nos agregados familiares rurais como nos urbanos, exceto nos casos em que seja feita uma intervenção (fews.net 2015). Com a intensificação da luta entre o al Shabab e as forças governamentais apoiadas pela Missão da União Africana, algumas estradas foram barricadas e cortadas no sul de Hiran, Raddhure e Bakool. Assim, o preço dos alimentos, da mão de obra e das fontes de água começou a atingir o limite máximo (fews.net 2015). Foi relatado que, em El Barde, o preço do sorgo vermelho foi exacerbado em cerca de 50%, apesar de os preços noutros mercados terem aumentado apenas cerca de 20% em comparação com El-Barde, com os seus

50%. Como resultado da situação agravada pelas estradas bloqueadas, os membros dos agregados familiares não puderam participar no trabalho urbano, vender o seu gado produzido ou outros produtos relacionados com o mato, como o carvão vegetal (fews net 2015).

O Fews.net recorre e baseia-se no "desenvolvimento de cenários" que, na realidade, depende da declaração *"se-então"*. As etapas envolvidas são: definir parâmetros de cenário, por exemplo, localização e contexto de duração. Nesta etapa, uma área ou região com uma segurança alimentar aguda que tem o potencial de ser grave é examinada usando análises anteriores comparadas com o estado deteriorado. No entanto, quando um país ou região é analisado, o fews.net divide-o em partes mais pequenas, como as zonas de subsistência ou as unidades administrativas, e liga cenários mais pequenos que podem ser usados para analisar outras áreas vizinhas ou próximas. De seguida, foi necessário estabelecer o grupo e o tempo de interesse e utilizar o cenário mais provável (fews.net 2015).

Posteriormente, a descrição e a classificação da segurança alimentar atual constituem o desenvolvimento do cenário. Esta fase resume a condição de segurança alimentar e os resultados e, para além disso, são desenvolvidos os pressupostos-chave e, em seguida, é desenvolvida a identificação dos eventos que podem alterar o cenário (fews.net 2015).

Um dos principais problemas associados à produção alimentar é a instabilidade da produção. Alguns dos factores que também contribuem para isso são a variação climática, a política governamental e a instabilidade ou conflito político. Smith (2001) também se debruçou sobre a estabilização dos preços e os conflitos. Sublinhou que, perante a instabilidade numa região, a produção alimentar, especialmente de cereais, pode invariavelmente alterar a rentabilidade da produção pecuária noutra região em termos de pesca, aves de capoeira e outros associados, o que faz com que os agricultores enfrentem incertezas e cria problemas para a maioria dos grupos da sociedade. Assim, o interesse dos agricultores depreciar-se-á mesmo após o choque, reduzindo o seu nível de investimento nos níveis de capital físico e humano (Smith 2001). Em economias de baixo rendimento ou em países que dependem diretamente da agricultura, a instabilidade dos preços e da produção induzirá uma alteração do poder de compra de cada agregado familiar, o que pode provocar o colapso de toda a economia, com consequências para a confiança dos investidores (Smith 2001).

White (2005) refere que a Etiópia e a Eritreia sofreram uma subnutrição extrema causada pela instabilidade entre 1998 e 2000, resultante do conflito fronteiriço. A situação foi agravada pelas alterações climáticas, pela degradação dos solos, pelas deficientes infra-estruturas rurais e conduziu ambos os países a uma crise alimentar (White 2005). Além disso, a investigação concluiu que, em resultado da instabilidade, ambos os governos desviaram fundos destinados a recursos financeiros e humanos para apoiar as suas forças, tendo os activos sido perdidos principalmente pelos habitantes das zonas rurais, cuja fonte de subsistência estava enredada e entrelaçada na terra, que se dedicam à agricultura e à produção de gado. As transacções financeiras entre os dois países foram interrompidas, uma vez que as remessas de dinheiro não eram viáveis, com o encerramento da fronteira a agravar a situação em que ambos os países podiam enviar dinheiro para ajudar no acesso individual a alimentos (White 2005). Além disso, o conflito também impediu o comércio de géneros alimentícios entre as pessoas, em comparação com os períodos sem conflito.

Collinson e Macbeth (2014) compilaram as suas conclusões "Food in Zones of Conflict". De acordo com o livro, os conflitos armados e as catástrofes naturais são as principais ameaças que rodeiam a insegurança alimentar da população. O exemplo específico foi apresentado num estudo de caso da guerra civil do Burundi que durou entre 1993 e 2007, onde a produção de alimentos foi interrompida na região norte e levou a um consumo de calorias de 1.500 por pessoa por dia em vez de 4.000 calorias. Do mesmo modo, na República Centro-Africana, verificou-se que, devido à deslocação da população, principalmente no nordeste do país, cerca de 21% das crianças sofreram de subnutrição aguda durante os confrontos entre os rebeldes. A partir das suas conclusões, a FAO constatou que, em 2010, 22 países, dos quais 17 se situavam na África Subsariana, sofreram uma crise prolongada. Além disso, 40 por cento da população combinada encontrava-se em situação de insegurança alimentar, o que contribuiu para 20 por cento da subnutrição mundial, que era mais profunda em estados económicos frágeis (Collinson e Macbeth 2014).

Num dos capítulos, foram citados os efeitos dos conflitos na segurança alimentar. O exemplo dado foi o do México, onde tem havido instabilidade no norte do México, perto da fronteira com os EUA. Os frequentes confrontos entre os senhores da droga e as forças levaram a que o transporte de gado produzido fosse afetado, o que invariavelmente interrompeu o sector da segurança alimentar (Collinson e Macbeth 2014).

Como se viu em África, os conflitos cresceram rapidamente nas últimas três décadas, com múltiplos intervenientes que estão ligados ao mundo em geral e a outros resultados. Swift e Hamilton (2001) afirmaram que os conflitos têm consequências económicas diretas, que incluem: destruição e roubo de gado; aumento dos preços nos locais saqueados; deslocação dos cereais e do gado, com descida dos preços nos locais onde são vendidos; encerramento dos mercados, com repercussões na disponibilidade de alimentos; venda induzida de bens para reduzir o risco; perda de acesso a terras agrícolas; e miséria e deslocação com refúgios.

Os conflitos são considerados uma fonte de vulnerabilidade e de risco para os pobres. Foi corretamente observado que, em 2006, por exemplo, 25 das 39 emergências alimentares estavam ligadas a conflitos. Os meios de subsistência foram corroídos durante o conflito, incluindo as instituições, incluindo as que regulam a terra e outros recursos naturais, o governo local e os mercados (FIDA 2010 citado por Young 2012). Young (2012) salienta que o conflito é causado por uma conjuntura de factores, desde os internacionais aos locais, com diferentes graus e magnitude de implicação. Ele sublinhou que o conflito tem sérias implicações para os habitantes de forma diferenciada de acordo com o género, idade, sexo, etnia e tipo de agregado familiar.

Na sua opinião, uma crise prolongada ocorre quando uma região com uma proporção significativa da sua população é extremamente vulnerável à morte, a doenças e à perturbação dos meios de subsistência durante um certo período de tempo prolongado (Young 2012). Os distúrbios prolongados diferem de país para país, mas partilham caraterísticas semelhantes que se baseiam basicamente nos seguintes factores: duração ou longevidade, por exemplo, o Afeganistão, a Somália e o Sudão são países que prolongaram a crise desde a década de 1980; governação ou administração pública fracas, o que significa simplesmente falta de capacidade para enfrentar os distúrbios, agravada pela falta de capacidade política; meios de subsistência insustentáveis, com uma segurança alimentar deficiente, que contribuem para a deterioração da situação de distúrbios; e colapso das instituições locais, que agrava a fragilidade do Estado (Young 2012).

Ao longo dos anos, tem sido evidente, com amplas provas, que a insegurança alimentar instiga o conflito e que o conflito resulta em insegurança alimentar, tal como demonstrado na literatura apresentada e em alguns quadros políticos. Esta situação tem sido opaca para quem está de fora, mas os investigadores e analistas têm feito um esforço para estabelecer os dados disponíveis e aprofundar as causas. De facto, Alinovi *et al* (2008) apresentaram literatura sobre a crise terrível e prolongada que envolveu o Sudão (Governo do Sudão e SPLA). Como indicado, a insegurança alimentar generalizada foi uma das caraterísticas proeminentes da instabilidade. Assim, as conclusões apresentaram factores que agravaram e contribuíram para a insegurança alimentar, desde danos no tecido socioeconómico; destruição das infra-estruturas já pouco desenvolvidas e escassas; deslocação da população, com a maioria de pastores e agro-pastores, principalmente os sul-sudaneses; enfraquecimento contínuo das instituições locais que prestam serviços; e a fação que controlava a assistência alimentar dos doadores internacionais e as mudanças no sistema alimentar (Russo 2008).

De acordo com a mesma literatura, os meios de subsistência, a pobreza e a insegurança alimentar foram considerados os principais factores que associam o acesso ao mercado e os activos. A socioeconomia e a demografia eram instáveis, distorcidas e vulneráveis antes da crise prolongada em Jubba, no sul da Somália (Little 2008). As catástrofes naturais, a instabilidade política e a fome também contribuíram para a região que foi classificada como o local mais volátil do mundo após o colapso do governo da Somália em 1991 (Little 2008). Entre os factores que contribuíram para esta situação, conta-se a captura de terras irrigadas de grupos minoritários como os *Goshoby,* enquanto a fação baseada em Mogadíscio intimidava e reprimia invariavelmente os agricultores locais com a sua presença. A terra é um dos factores de produção agrícola que determinam a segurança alimentar e, com o estabelecimento e a intimidação das milícias, as terras ficaram desarticuladas, com a negação de algumas vias básicas (Little 2008). Para compreender a situação de crise alimentar em

Jubba, na Somália, Alinovi *et al* (2008) desenvolveram e criaram um modelo que avaliava a relação entre os meios de subsistência, a pobreza e a insegurança alimentar.

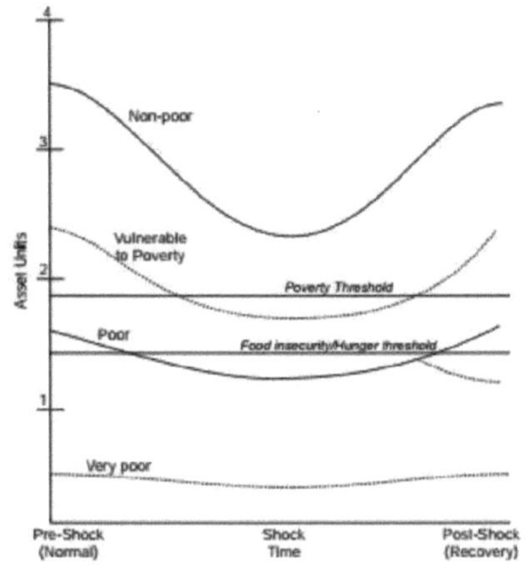

Figura 1.1 Choques de activos e recuperação (Alinovi *et al* 2008)

A partir da figura acima, os não pobres sobreviveram à insegurança alimentar vendendo os seus bens à medida que o choque avançava. Enquanto a última linha pontilhada significa os mais pobres com insegurança alimentar crónica. A questão controversa em torno da pobreza e da insegurança alimentar baseia-se no preço dos alimentos (acesso aos alimentos). Isto já foi provado a partir do gráfico apresentado que aqueles que estão no topo sobrevivem à situação vendendo propriedades para recuperar a estabilidade económica e reduzir o preço dos alimentos associado à indisponibilidade de alimentos. Tal como nos princípios básicos da economia, quanto maior for a procura, maior será o preço, enquanto que quanto menor for a procura, menor será o preço, o que explica efetivamente a relação entre os alimentos e o choque de preços que se agrava em situações de conflito.

Vlassentroot e Raeymaekrs (2013) explicam a complexa guerra que envolveu a República Democrática do Congo (1996-1998, 1998-2003), que causou a morte de mais de 3 milhões de pessoas e que se complicou com o envolvimento de mais de 6 nações africanas e 12 seitas de rebeldes. As décadas de má gestão económica e o regime herdado, com a marginalização da classe baixa, provocaram o desmoronamento das instituições formais do país.

Vlassentroot e Raeymaekrs (2013) analisaram o conflito e o sistema alimentar local. Em 2002, a maioria da população do país vivia abaixo do limiar de pobreza de 0,20 dólares por dia per capita. Além disso, antes da eclosão do conflito, havia uma economia dilapidada e em frangalhos, confrontada com uma insegurança alimentar acrescida. Em 2002, registou-se uma elevada taxa de mortalidade infantil com uma esperança de vida de apenas 42 anos, em comparação com outros países africanos que têm 52 anos (Vlassentroot e Raeymaekrs 2013). De um modo geral, a diminuição da produção de alimentos, o acesso limitado ao mercado, a redução da atividade financeira e a insegurança contribuíram para a atividade agrícola no Congo durante o período de instabilidade. Por exemplo, as terras de cultivo foram deixadas em pousio e a produção alimentar diminuiu 29% entre 1996 e 2004 no Kivu do Sul, com uma redução total de mais de 50% noutras zonas remotas (Vlassentroot e Raeymaekrs 2013). Verificou-se que a produção de cereais foi reduzida em 33%, que serviu como principal fonte de alimentos básicos, com reduções semelhantes na produção de vegetais em 42%, o que levou a uma diminuição da produtividade geral em 12% (Vlassentroot e Raeymaekrs 2013). A atividade pecuária diminuiu 50% durante o conflito, sendo os principais factores considerados: acesso limitado à terra e às alfaias agrícolas; medicação insuficiente para o gado e para as plantas; isolamento dos mercados; e estradas inacessíveis colapsadas para áreas onde se conhece muito consumo. O transporte serve como um transformador de mercado, assim, após o fim da guerra formal do Congo em 2003, houve grandes pontos de controlo montados por unidades do exército que os ajudaram a tributar os agricultores, o que levou à perda de mais de 20% dos seus bens da produção para o mercado e contribuiu tremendamente para os preços dos alimentos nos mercados locais (Vlassentroot e Raeymaekrs 2013). Além disso, um ponto crítico foi a falta de activos financeiros. Num inquérito realizado no Kivu Sul, 72% dos agregados familiares tinham um rendimento mensal inferior a 30 dólares. Num inquérito semelhante realizado em 840 agregados familiares, verificou-se que uma parte considerável dos agregados familiares só se alimentava uma vez por dia, enquanto cerca de 60% se alimentava três vezes por dia antes da guerra (Vlassentroot e Raeymaekrs 2013).

É indubitável que a tributação ilegal aplicada pela administração Mobutu no Congo tornou o sector perturbador e desfavorável para os intervenientes no comércio fluvial de produtos agrícolas, o que teve um impacto direto no nível dos preços e do acesso aos alimentos em Kinshasa. Isto porque alguns dos géneros alimentícios de base tiveram de ser importados e tornaram-se insuportáveis.

Os agregados familiares sobreviveram reduzindo a qualidade e a quantidade de alimentos a racionar, entre os quais o resultado do conflito que desestabilizou as estruturas locais e deslocou os agrónomos que ajudavam a orientar os agricultores locais. Por exemplo, o inquérito mostrou que apenas 15% tinham acesso a agrónomos e consultores, como se viu claramente em Kivu, mais de 75% da mandioca estava infetada por doenças e agentes patogénicos, reduzindo diretamente a produção em 30-60%. A produção de bananas constituiu uma importante fonte de subsistência, tanto para consumo como para exportação. No entanto, com a infestação de insectos e agentes patogénicos, foi registado um declínio de 50% durante a guerra (Vlassentroot e Raeymaekrs 2013).

Um importante fator relacionado com a insegurança alimentar foi o acesso à terra durante a guerra da RDC. No entanto, mesmo antes do estado de conflito, a propriedade da terra era de tal forma favorável e vantajosa para a classe alta. Os agricultores locais tinham menos acesso à terra através do estabelecimento de leis desfavoráveis que indiretamente transformaram muitos agricultores, que eram pequenos proprietários de terras, em trabalhadores agrícolas, o que afectou a população mais densa do Leste da RDC, levando-os invariavelmente a reduzir a qualidade e a quantidade como mecanismo de compensação, agravado pela guerra que amplificou e polarizou a sua condição. Assim, o acesso limitado às redes rodoviárias e aos mercados ajudou a classe média a explorar os camponeses locais disponíveis durante o conflito (Vlassentroot e Raeymaekrs 2013).

Este capítulo ilustrou a forma como os conflitos afectam a segurança alimentar a nível micro e macro, com relevância para algumas componentes: disponibilidade, acesso, utilização e estabilidade, transformadores de mercado e estabilidade de preços. Estes factores têm impacto sobre os indivíduos, bem como sobre os efeitos dos conflitos, que exacerbam os choques alimentares e os aumentos dos preços dos alimentos, quer direta quer indiretamente, como se vê principalmente na África Subsariana e em algumas partes do Médio Oriente. No entanto, isto suscitou agora alguma investigação e análise sobre o conflito no Nordeste da Nigéria, considerando o preço dos principais alimentos de base relativamente à instabilidade registada na região.

Capítulo 3

3.0 METODOLOGIA

Diferentes investigadores e analistas têm continuado a dar contributos, uma vez que a paz e a estabilidade são constantemente truncadas devido a conflitos, guerras e terrorismo global, bem como à instabilidade política e económica que, por vezes, apresenta sintomas de má governação, corrupção e marginalização, sobretudo nos países em desenvolvimento. Nesta perspetiva, foram resumidas e avaliadas as diferentes desvantagens, com os seus prós e contras, da abordagem metodológica, das ferramentas e dos instrumentos utilizados.

D'Souza e Jolliffe (2013) apresentaram pesquisas e avaliações baseadas na relação entre conflito e insegurança alimentar no Afeganistão usando análise descritiva de mapeamentos espaciais. A literatura foi mais longe e utilizou um modelo de regressão bivariada simples do conflito na segurança alimentar, usando dados secundários obtidos da base de dados de Segurança das Nações Unidas e da Avaliação Nacional de Risco e Vulnerabilidade (NRVA) 2007/08. Os dados obtidos foram medidas de conflito provincial: fatalidades, ferimentos, incidentes e preços de produtos básicos que variam entre o preço da farinha de trigo (alimento básico mais comum), óleo vegetal, arroz, borrego, leite e querosene. No entanto, quando se utilizaram os mapeamentos espaciais e os modelos de regressão bivariada simples entre as medidas de conflito e o preço dos produtos de base, obteve-se um resultado inconsistente, embora tenha havido uma forte evidência de correlação negativa quando se utilizou a regressão multivariada entre as medidas de conflito e o preço dos produtos de base (D'Souza e Jolliffe 2013). Além disso, a investigação registou um choque alimentar na província com menos volatilidade do que nas províncias com conflitos e incidentes frequentes. No entanto, D'Souza e Jolliffe (2013) não conseguiram explicar o mecanismo e as causas subjacentes às principais causas da insegurança alimentar entre locais estáveis em comparação com os locais instáveis.

Mais ainda, o método de Ihle e Rubin (2013) utilizou interdependências de preços com um quadro de co-integração e um modelo vetorial de correção de erros. Os resultados obtidos mostraram um impacto de correlação no conflito Israel-Palestina associado ao aumento dos preços dos alimentos. A pesquisa considerou apenas um aspeto integrante da *transformação do mercado, o* transporte, e deixou outros como a produção, o processamento e o armazenamento. Noutra observação, Flores (2004), explicou o estado da segurança alimentar e o conflito na Libéria e na Serra Leoa, no entanto, nesta visão não houve uma forte análise extensiva e intensiva dos dados.

Do mesmo modo, Awodola e Oboshi (2015) apresentaram o impacto da segurança alimentar e da agricultura em Maiduguri, capital de Borno, na Nigéria. Os dados primários foram obtidos através da aplicação de questionários com um tamanho de amostra de 222. Nesta perspetiva, o tamanho da amostra era adequado para resumir a significância estatística do conflito e da segurança alimentar. Como indicado numa vertente da literatura por Awodola e Oboshi (2015), na qual foram administrados questionários, entrevistas orais e observações. O estudo limitou a sua pesquisa a Maiduguri, apesar de a capital ser um dos principais redutos dos terroristas. No entanto, as conclusões não se estenderam às cidades e aldeias vizinhas, onde o Boko Haram atacava com frequência, devido à sua vulnerabilidade, que variava entre a ausência de segurança e a recolha de informações. Assim, Maiduguri, sendo a capital, está constantemente sob vigilância de segurança e, como tal, teriam ocorrido mais actividades financeiras do que nas aldeias e cidades circundantes. Essencialmente, o nível de insegurança alimentar pode ser acentuado nas aldeias e cidades que o Boko Haram capturou nos últimos tempos.

Mais ainda, a entrevista oral administrada a 53 residentes de Maiduguri pode não dar a imagem/representação real da situação. Isto deve-se ao facto de o tamanho da amostra de 53 ser demasiado pequeno para uma representação estatística real ou diferenças. Do mesmo modo, o método de amostragem aleatória através do qual os questionários foram administrados pode criar alguma dificuldade para avaliar efetivamente a opinião sobre a dimensão da amostra. Nesta perspetiva, a amostragem aleatória estratificada constitui uma melhor opção para evitar erros com resultados mais pronunciados. Isto porque a amostragem proposta dividirá a capital em estratos (grupos) com base nas autarquias locais, talvez as que não estejam ocupadas pelo Boko Haram, e selecionará um número ou dimensão razoáveis para tratar os questionários, evitando assim mais erros.

Além disso, Ecker *et al* (2010) diferenciaram a segurança alimentar a nível nacional e familiar com alguns indicadores. A investigação capta os principais canais através dos quais as crises alimentar, de combustíveis e financeira afectaram a economia do Iémen, utilizando o modelo EGC. Como é difícil avaliar a segurança alimentar durante o conflito em alguns casos, o modelo (metodologia) fornece um quadro e uma abordagem para avaliar a segurança alimentar tanto a nível micro como a nível macro durante a crise, o que é útil para os decisores políticos.

Nesta perspetiva, a investigação baseou-se basicamente em métodos de revisão da literatura e publicações, revistas e dados de bibliotecas online, com alguns aspectos de textos impressos. Envolveu também a utilização de motores de busca (Google e Goggle scholar), science direct, research gate, food policy, acled data.com, fews.net, Food and Agriculture Organisation (FAO) e dados sobre terrorismo global. Isto deve-se ao facto de a recolha de dados de fontes primárias no volátil nordeste da Nigéria poder ser arriscada e, até certo ponto, não ser viável, pelo que a investigação se baseou principalmente nos dados disponíveis (dados secundários).

Em referência a D'Souza e Jolliffe (2013), esta investigação utilizou dados sobre vítimas da acleddata, uma base de dados sobre terrorismo global, e de sítios noticiosos internacionais, como a BBC, a Xinhua e a imprensa canadiana, com alguns sítios de jornais locais nigerianos (arquivos). Todos os dados sobre as atrocidades cometidas pelo Boko Haram nos Estados do Nordeste (Borno, Yobe e Adamawa) foram captados e registados a partir do primeiro mês do ataque mortal fanático do Boko Haram, que foi julho de 2009.

Os dados foram recolhidos e organizados com base na data, local, estado, fonte dos dados, resumo do evento ocorrido e número de vítimas mortais e feridos, como se mostra em seguida (em anexo).

A	B	C	D	E	F	G	H	I
S/no	Date	Location	State	Source	Site	Event	Fatality	Injured

Figura 3.1 Disposição dos dados relativos às vítimas

No entanto, a maior parte dos dados recolhidos sobre as atrocidades cometidas pelo Boko Haram foram registados de 2009 até à data em acleddata.com. Os registos recolhidos contêm atrocidades que tiveram lugar nos Camarões, no Níger, no Chade e na Nigéria. No entanto, a investigação esforçou-se por filtrar os registos associados especificamente à Nigéria e, posteriormente, foram filtrados alguns estados de interesse (Borno, Yobe e Adamawa). Os dados registados foram basicamente somados em meses, ou seja, o número de vítimas em Borno, Yobe e Adamawa foi somado e apresentado mensalmente de julho de 2009 a abril de 2014, o que abrange cerca de quatro anos (46 meses). Além disso, os registos de vítimas foram confirmados a partir de dados globais sobre terrorismo combinados com a agência noticiosa para uma maior verificação dos factos e dos números. Os resultados obtidos revelaram que o total de vítimas e atrocidades cometidas pelo Boko Haram foi de 581, o que levou à morte de 6 527 pessoas entre julho de 2009 e abril de 2014, tal como acima referido.

Da mesma forma, o preço dos alimentos, principalmente do painço, foi observado e registado em poucas redes. Assim, o painço é um dos principais alimentos de base na região, o que constitui um indicador da disponibilidade e produção de alimentos.

Os dados relativos aos preços dos géneros alimentícios apresentados numa base mensal indicam que os dados foram recolhidos com base num método de amostragem sistemático. Ou seja, amostragem sistemática quantitativa. Assim, após cada 30 dias, o preço dos alimentos (painço) da região nordeste da Nigéria, mercado de Damasak (mercado regional de cereais) foi recolhido a partir de uma rede de poucos. A amostragem foi utilizada propositadamente devido à sua simplicidade e à possibilidade de abranger uma vasta gama de produtos num curto espaço de tempo. Os casos de vítimas, incidentes e ferimentos foram registados com base no método de amostragem aleatória. Este parâmetro regista todas as vítimas (mortos) do incidente inicial que começou em julho de 2009 em Borno, Yobe e Adamawa. Estes estados extremos situados no nordeste da Nigéria são as áreas controladas pelo Boko Haram. O painço foi selecionado propositadamente porque é um dos alimentos básicos consumidos; os pratos incluem *Ndalayi, Sinasir, Bulum arumme, Punkasu e Murdum* são produzidos localmente, ou seja, a produção de painço na região serve como fonte de subsistência nos três estados mencionados.

Damasak fornece cereais ao país vizinho, Chade e Nigéria, e o mesmo local serve como o principal mercado regional (Nordeste) de cereais, como tal, o preço do painço foi utilizado no mercado para representar o alimento mais básico da região, como se mostra abaixo.

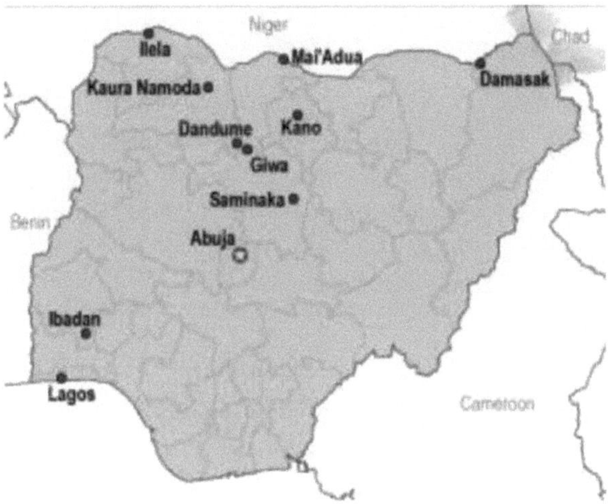

Figura 3.2 Mostra o mercado regional de cereais de Damasak, no Nordeste da Nigéria

A Figura 3.3 mostra as classificações regionais com o Nordeste num relance (oroom.org 2015)

O preço dos alimentos (painço) foi registado numa base mensal de acordo com o preço nominal de julho de 2009 a abril de 2014. O preço foi obtido em CFA, que é o franco da África Central. O preço (montante) foi convertido para a moeda da Nigéria (Naira ₦) para uma explicação mais pictórica para determinar o valor real durante o evento usando o conversor de moeda online (Yahoo finance) com aproximação do preço final do grão quando necessário.

A	B	C	D	E	F	G	H	I
S/no	Date	Regional Market	Grain	Nominal Price 1	Source	Naira value to CFA	Source	Final Price

Figura 3.4 Regime de preços dos produtos de base

Além disso, as baixas mensais e o preço dos alimentos foram submetidos a uma regressão bivariada para analisar se existe significância estatística entre os dados recolhidos. A regressão bivariada fornece meios para explicar a relação adicional entre duas variáveis (vítimas e preço dos alimentos) como se mostra abaixo (colunas D e E).

A	B	C	D	E
S/no	Date(July 2009 to April 2014)	Food price(Millet) @ Damasak	Fatality(from Borno,Yobe and Adamawa)	Approximate(Price)

Figura 3.5 Preços dos produtos de base (painço) e números de vítimas arranjados

O pacote de análise de dados utilizado foi o Microsoft Excel 2007. A aplicação do pacote foi instalada clicando no botão office, na opção excels e selecionando add-Ins à esquerda. Embora aparecessem muitos suplementos, a investigação estava interessada no "Analysis tool pack" (pacote de ferramentas de análise), que constava da lista de suplementos inactivos, pelo que foi instalado para ativar a sua atividade funcional, em alternativa, a tecla Alt +F+I.

Os dados recolhidos sobre o preço dos alimentos e as vítimas foram expostos à regressão no âmbito da análise de dados. Para uma melhor clarificação dos dados estatísticos, foi apresentado um resumo dos resultados, no qual foram tidos em consideração o R múltiplo e o valor P.

Do mesmo modo, para aprofundar a análise estatística, os números relativos às vítimas e ao preço dos alimentos de julho de 2009 a abril de 2014 foram expostos num gráfico de dispersão XY. O preço do alimento básico (painço) foi colocado no eixo Y. No entanto, o preço foi colocado no eixo Y porque se previa que tivesse aumentado em resultado do aumento frequente da mortalidade, o que esgotou a mão de obra e dissuadiu os agricultores das actividades de mercado, pelo que a produção agrícola (painço) era escassa, com procura e aumento de preço. A mortalidade foi identificada no eixo X, uma vez que representava a causa do aumento do preço dos alimentos registado no eixo Y. Assim, os resultados são normalmente colocados no eixo Y, enquanto as causas são colocadas no eixo X.

No entanto, o coeficiente de correlação também pode ser utilizado para identificar a força da relação entre o preço dos alimentos e o número de vítimas ou níveis de incidentes. Este coeficiente varia entre 0 e 1, em que o valor de 1 indica uma relação perfeita e 0 indica uma relação totalmente inexistente, o que significa que o que acontece numa variável não tem qualquer influência na outra variável. Assim, os valores podem variar entre -1 e + 1.

3.1 JUSTIFICAÇÃO

Para uma maior justificação, a investigação foi adaptada ao positivismo. Ou seja, uma filosofia que adere às descobertas através da medição e da observação é mais fiável. Justifica também a abordagem de recolha e interpretação de dados para resolver problemas através de meios quantitativos. Nesta perspetiva, a investigação seria efectuada de forma independente, o que permitiria evitar erros mínimos. Assim como o conflito agrava a insegurança alimentar, a mesma insegurança alimentar agrava o conflito. A primeira foi considerada a situação atual no Nordeste da Nigéria; no entanto, tendo já notado que a região é a mais pobre da Nigéria, esta conclusão foi determinada para explorar a relação científica entre o preço dos alimentos (acesso aos alimentos) e os parâmetros de baixas. Ou seja, para provar ou refutar a hipótese de que o aumento do preço dos principais alimentos básicos produzidos e consumidos na região é atribuído apenas à instabilidade atual ou está envolvido e associado a outros factores.

Os números relativos às vítimas foram recolhidos aleatoriamente e organizados numa base mensal para analisar os meses que registam um número diferente de incidentes. No entanto, as forças de segurança foram destacadas para a região, mas os esforços para controlar a ameaça foram abortados. Como os dados sobre as baixas foram colocados numa base mensal, isso ajuda a controlar os esforços do pessoal de segurança, ou seja, os meses que registaram poucas ou nenhumas baixas ou incidentes significam que as forças de segurança estavam à altura das suas tarefas e, invariavelmente, se o aumento do preço dos alimentos foi notado, outro fator pode ter contribuído para a instabilidade e não "incidentes ou baixas". Do mesmo modo, o preço do painço foi utilizado de forma selectiva porque a sua produção é a principal fonte de subsistência, sobretudo no Nordeste da Nigéria, pelo que a região árida é aluvial para que este tipo de cultura prospere devido à sua resistência à seca e, tradicionalmente, alguns dos alimentos básicos são feitos a partir do painço.

A análise de dados (regressão) no Microsoft Excels 2007 foi a principal ferramenta utilizada durante a análise estatística. Nesta perspetiva, as ferramentas utilizadas foram escolhidas por serem de fácil utilização, prevendo o montante de cada 100 kg de painço que custará na ausência de conflito, e o montante em naira que aumentará mensalmente à medida que a taxa de incidentes aumenta. As ferramentas também mostram efetivamente como a instabilidade resultou no aumento do preço dos alimentos através da avaliação do valor R múltiplo e da utilização do valor P para inferir a significância estatística entre as variáveis. O gráfico estratificado apresentado foi também utilizado para uma visão geral e uma tendência pictórica sobre a forma como o preço dos alimentos se correlaciona com a instabilidade numa base mensal. No entanto, o registo do preço dos alimentos em Damasak foi apreendido em fews.net a partir de abril de 2014, o que constituiu uma limitação à atualização da investigação.

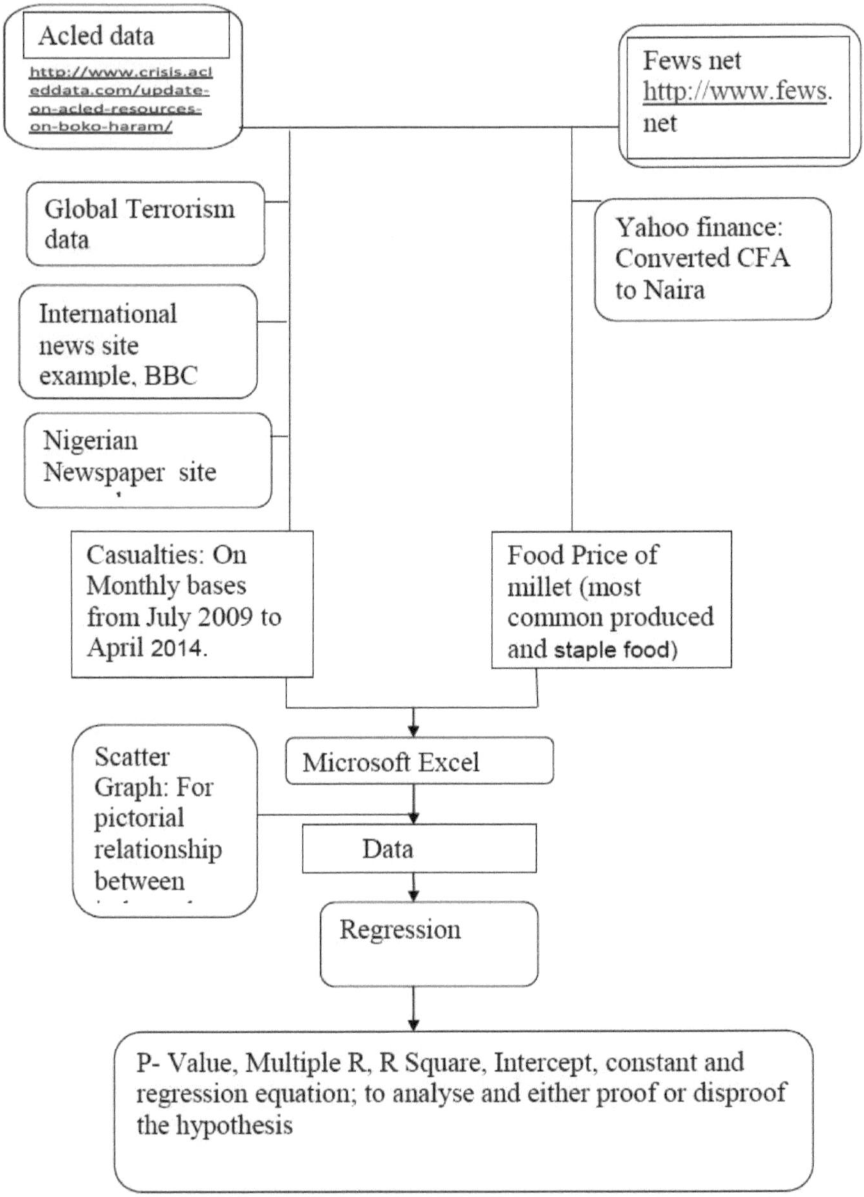

Figura 3.6 Esboço esquemático do método seguido

Capítulo 4

4.0 RESULTADOS E APRESENTAÇÃO DOS DADOS

Os dados descritivos relevantes para esta investigação são apresentados principalmente sob a forma de linhas e colunas para permitir e verificar individualmente a tendência associada ao conflito e à alimentação

insegurança.

Quadro 4.1: Lista compilada do preço dos géneros alimentícios (painço) no mercado regional de Damasak.

S/não	Data	Preço dos alimentos (painço) por 100 kg @ Damasak - ₦	Preço (aproximado) por 100 kg (eixo Y) ₦	Fatalidade (eixo x)
1	Jul-09	6,387	6,400	992
2	Fev-10	4,838	4,840	7
3	Ago-10	6,060	6,060	2
4	setembro-10	4,676	4,700	6
5	Out-10	4,516	4,500	5
6	Nov-10	4,838	4,840	6
7	Dez-10	4,687	4,690	16
8	Jan-11	4,666	4,700	23
9	Fev-11	4,677	4,700	3
10	Mar-11	4,833	4,800	10
11	Abr-11	5,241	5,240	8
12	maio-	5,241	5,240	23

	11			
13	Jun- 11	5,172	5,170	44
14	Jul- 11	5,000	5,000	79
15	Ago- 11	5,172	5,170	28
16	setembro- 11	4,833	4,830	8
17	Out- 11	5,000	5,000	13
18	Nov- 11	5,000	5,000	112
19	Dez- 11	5,833	5,830	96
20	Jan- 12	5,322	5,320	236
21	Fev- 12	5,967	5,970	95
22	Mar- 12	5,967	5,970	42
23	Abr- 12	6,774	6,770	76
24	maio- 12	6,562	6,560	80
25	Jun- 12	6,718	6,720	69
26	Jul- 12	6,515	6,520	49
27	Ago- 12	7,727	7,730	54
28	setembro- 12	7,031	7,030	148
29	Out- 12	4,843	4,840	265

30	Nov- 12	6,250	6,250	58
31	Dez- 12	6,129	6,130	154
32	Jan- 13	6,451	6,450	85
33	Fev- 13	6,290	6,290	40
34	Mar- 13	7,096	7,100	159
35	Abr- 13	7,258	7,260	120
36	maio- 13	7,031	7,030	87
37	Jun- 13	8,225	8,230	215
38	Jul- 13	8,387	8,400	91
39	Ago- 13	8,333	8,330	321
40	Set- 13	6,333	6,330	663
41	Out- 13	6,833	6,830	322
42	Nov- 13	7,000	7,000	165
43	Dez- 13	7,000	7,000	308
44	Jan- 14	7,000	7,000	157
45	Fev- 14	7,068	7,070	489
46	Mar- 14	7,321	7,320	235
47	Abr- 14	7,068	7,070	263
				6527

Fonte: Fews.net (preço dos alimentos) 2015, acled data.com, start.umd.edu 2015.

Quadro 4.2: Mostra o Hotspot e as vítimas/Estado/Ano

	July - Dec. 2009	2010	2011	2012	2013	January - April 2014	
Borno State	816	40	244	621	2173	906	4800
Yobe State	143	1	153	357	255	80	989
Adamawa State	Nill	Nill	21	88	77	139	325
Others North East State that shared border with volatile places							413
							6527

Fonte: acled data.com, start.umd edu 2015

4.1 ANÁLISE ESTATÍSTICA

Quadro 4.3: Resumo dos resultados estatísticos da regressão das baixas e dos preços dos alimentos

SUMMARY OUTPUT								
Regression Statistics								
Multiple R	0.459657787							
R Square	0.211285281							
Adjusted R Square	0.193359947							
Standard Error	996.2536278							
Observations	46							
ANOVA								
	df	*SS*	*MS*	*F*	*Significance F*			
Regression	1	11698813.2	11698813.2	11.787	0.001310429			
Residual	44	43670936.8	992521.2909					
Total	45	55369750						
	Coefficients	*Standard Error*	*t Stat*	*P-value*	*Lower 95%*	*Upper 95%*	*Lower 95.0%*	*Upper 95.0%*
Intercept	5656.397377	196.5960676	28.771671	3.59E-30	5260.184042	6052.610711	5260.184042	6052.610711
992	3.72822415	1.085927992	3.43321489	0.00131	1.539680118	5.916768183	1.539680118	5.916768183

A partir do resumo estatístico, a investigação deduziu um formulário de equação de regressão com a ajuda da interceção e da constante apresentadas no resultado

Y= Interceção + Constante * X

Onde Y foi como mencionado no Capítulo Três como variável dependente do preço dos alimentos (painço) e X como baixas que serve como variável independente, portanto, a cada aumento de baixas por mês, o preço dos alimentos do painço por 100kg pode ser previsto.

Preço dos alimentos (painço) /100kg/mês=5656,397377+3,72822415* Baixas/mês

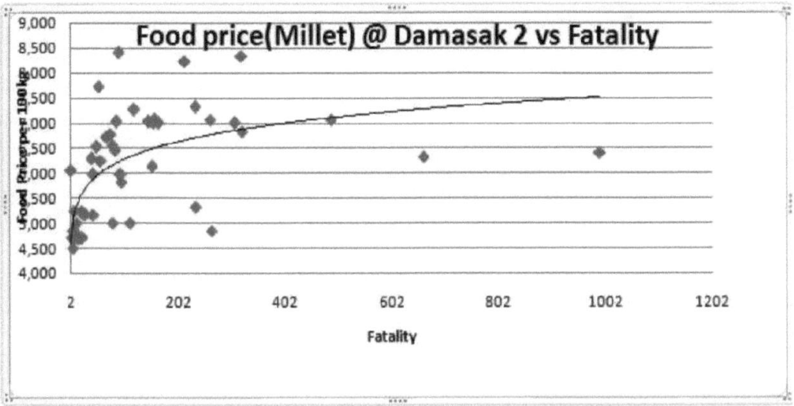

Figura 4.1: Relação entre o preço dos alimentos (painço) e a fatalidade apresentada em gráfico de dispersão para visualização pictórica de julho de 2009 a abril de 2014 dos meses com registo de incidência.

Capítulo 5

5.0 ANÁLISE E DISCUSSÃO

É indubitável que os princípios básicos da segurança alimentar têm sido prejudicados e enfraquecidos nos últimos tempos em resultado do conflito, da ideologia e dos ataques irracionais do Boko Haram no Nordeste da Nigéria. O organigrama dos promotores de mercado, que vai desde a produção, ao transporte, ao armazenamento e à transformação, tem sido constantemente afetado pelos ataques terroristas e pelas atrocidades que se propagam. A situação agravou-se e contribuiu imensamente para a desestabilização dos preços na região dos principais cereais produzidos e dos mercados.

No Observatório, a tabela 4.1 resume as tendências associadas à instabilidade da tabela A1.1 e o preço dos principais produtos agrícolas e alimentos básicos no Nordeste da Nigéria. Nomeadamente, tem havido uma correlação positiva entre o preço do painço produzido e os números de vítimas, que foi fortemente correlacionada no final de 2013 e no início de 2014 no mercado regional de cereais de Damasak.

Para fazer uma inferência, a hipótese proposta no primeiro capítulo afirma; H_0 *: Não existe inter-relação entre o preço dos alimentos (painço) e o indicador de conflito (baixas) no Nordeste (Borno, Adamawa e Yobe), Nigéria,* H_1 *: Existe inter-relação entre o preço dos alimentos (painço) e o indicador de conflito (baixas) no Nordeste (Borno, Adamawa e Yobe), Nigéria.* Os resultados apresentados na análise estatística 4.1 (quadro 4.3) obrigaram a investigação a aceitar a hipótese alternativa e a rejeitar a hipótese nula, pelo que existe significância estatística e inter-relação entre o conflito das vítimas e o preço dos alimentos (painço) no mercado regional de cereais (Damasak) com significância estatística do valor P de 0,00131.

Estatisticamente, aceita-se a hipótese alternativa quando o valor P é inferior a 0,05% (P < 0,05) e rejeita-se a hipótese nula; do mesmo modo, rejeita-se a hipótese alternativa quando o valor P é superior a 0,05% (P < 0,05) e aceita-se a hipótese nula.

O múltiplo R do resultado estatístico é o coeficiente de correlação que é de 45% (0,45). Esta previsão indica que existe uma forte relação entre a variável dependente (eixo Y) do preço dos alimentos e a variável independente (eixo X), como claramente indicado em julho de 2009, setembro de 2012, junho, julho, agosto de 2013 e início de 2014 com 45%. Sem dúvida, os dados e a significância estatística provaram que o aumento do preço do painço na região está correlacionado com os números de vítimas em 45 por cento.

Mais ainda, o R-quadrado é uma excelente forma de descobrir até que ponto o aumento do preço dos alimentos foi causado por baixas e instabilidade, que foi registado como 21% (0,21) a partir do resultado estatístico. No entanto, a instabilidade na região afectou negativamente o preço dos cereais no mercado da região de Damasak em 21%, sendo que outros factores podem ter contribuído em 79%.

A interceção e a constante exprimem mais sobre o nível de acesso aos alimentos na região. O valor de interceção de 5656,39 intensifica o facto de que, na ausência de um caso de acidente ou incidência num mês, um saco de 100 kg de painço é vendido a ₦5656,39 kobo (naira). No entanto, isto pode não ser realista, pois existem cerca de 79% de factores que contribuem para o aumento do preço do milho na região, como mencionado. Assim, em cada aumento do nível de vítimas ou de incidência por mês, há uma tendência de que o preço do painço por 100 kg aumente em ₦3,72 kobo, o que explica o valor constante observado no resultado estatístico. Isto pode excluir os contribuintes que se lamentam sobre as questões do nível de insegurança alimentar e, invariavelmente, dar mais informações sobre algumas previsões.

Muita inferência estatística levou à conclusão de que o conflito na região contribui para o nível de insegurança alimentar, prejudicando o acesso aos alimentos (preço dos alimentos), que é uma dimensão da segurança alimentar com uma diferença significativa de 0,00131 como valor P.

Pode recordar-se que algum nível de insegurança alimentar contribuiu diretamente para a primavera Árabe, como se viu no aumento do preço do pão no Médio Oriente, que invariavelmente afectou a dimensão do acesso aos alimentos (Helland e Sorbo 2014). No entanto, o inverso é o caso no Nordeste da Nigéria, com o alto nível de evidência de resultados estatísticos e outra literatura que explica o conflito como a causa do aumento do preço dos alimentos em 21%. Ou seja, 21% do aumento do preço do painço na região deveu-se à presença de instabilidade. Coerentemente, na ausência de conflito (variável independente), o preço dos alimentos básicos domésticos (painço), uma variável dependente, será reduzido em 21%. Além disso, quando outros factores são tratados e considerados, por exemplo, o elevado custo do combustível, o atraso e a fraca pluviosidade, a pobreza e a taxa de educação (práticas e técnicas agrícolas recentes), o aumento de cerca de 79% no preço do painço seria refreado.

O mercado de Dawanau, em Kano, é outro mercado importante na África Ocidental. Este mercado é conhecido apenas pelos seus produtos e transacções de grãos e cereais. No entanto, o foco do Boko Haram foi registado principalmente no nordeste da Nigéria, com alguns ataques sazonais no noroeste, particularmente em Kano, como mostra o quadro 4.2. Nesta perspetiva, a investigação tenta alargar a sua linha de costa analisando se o conflito no Nordeste pode ter um efeito de cascata no Noroeste (Mercado de Dawanau, Kano). Como tal, a investigação utilizou o número de vítimas registadas nos estados do Nordeste e correlacionou-o com o preço semelhante do milho painço no mercado de Dawanau, em Kano, que serve como indicador da disponibilidade e acesso aos alimentos (Quadro A2.1). Coincidentemente, verificou-se uma significância estatística com um valor P de 0,0017 (< 0,05) e um valor R múltiplo de 44% (0,44), como mostra o quadro A3.1. Isto permitiu concluir que o conflito no Nordeste poderia ter contribuído para a desestabilização dos preços e do nível de segurança alimentar no Noroeste da Nigéria, particularmente no estado de Kano.

5.1 OUTROS FACTORES ASSOCIADOS À REGIÃO

Alguns dos factores que contribuíram para o aumento do preço dos alimentos no nordeste podem ser os atrasos na precipitação, a desertificação (alterações climáticas), os níveis de desemprego e pobreza, a migração, o aumento do custo da energia, a subnutrição e a deterioração das infra-estruturas (Campbell 2012, Helland e Sorbo 2014). Assim, existem críticas não resolvidas sobre os factores da linha da frente que normalmente contribuem para a insegurança alimentar durante a crise. No entanto, os climatologistas associam o processo à seca (alterações climáticas), os economistas descrevem o fracasso do mercado e o colapso dos direitos, os cientistas políticos examinam e correlacionam as situações com más políticas governamentais e os ambientalistas argumentam que a insegurança alimentar em conflito também pode ser travada pela desertificação e pelo aquecimento global na África Subsariana (Devereux 2001). Com os resultados analisados a partir dos resultados estatísticos (Quadro 4.3) e de outra literatura evidente, é evidente que a insegurança alimentar neste contexto não pode ser atribuída apenas ao conflito, mas a outros factores subjacentes - políticos, demográficos e socioeconómicos - que tornam as pessoas vulneráveis a crises económicas e políticas e a catástrofes naturais e provocadas pelo homem. É a combinação destes vários conjuntos de factores adversos (79%) que cria eventos ou processos de insegurança alimentar, tendo o preço do painço como indicador. Esta interação complexa tornou a análise da insegurança alimentar controversa e a sua erradicação tão difícil de alcançar, sobretudo na África subsariana e nos países em desenvolvimento (Devereux 2001). A complexidade e a multiplicidade da insegurança alimentar nos Estados em conflito dos países em desenvolvimento levaram alguns autores a propor que a abordagem "sistémica" da análise da insegurança alimentar poderia ser mais adequada do que um conjunto de teorias disciplinares, cada uma competindo pelo domínio do paradigma (Devereux 2001). Cannon (1991), Von Braun *et al* (1998) citados por Devereux (2011) consideraram todo o "sistema alimentar" de uma região vulnerável e examinaram empiricamente como os choques em componentes individuais - produção, distribuição e consumo de alimentos - contribuem para um determinado nível de insegurança alimentar.

Nesta investigação, o aumento da população do Nordeste da Nigéria poderá complementar a situação de insegurança alimentar que está a ser travada. O Reverendo Thomas Malthus escreveu no seu ensaio sobre o "Princípio da População" - argumento malthusiano. A população e a procura de alimentos aumentam paralelamente ao longo do tempo e os recursos naturais, especialmente a terra arável, são limitados em termos de oferta". A partir da figura A4.1 em anexo, pode explicar-se que o afluxo de população com competências agrícolas primitivas na região pode contribuir para uma menor produção de alimentos; além disso, com o aumento da população, a produção de alimentos pode ficar comprometida. Do mesmo modo, Brinkman e Hendrix (2011) concluem que, em geral, os países com uma proporção razoável de pessoas com idades compreendidas entre os 15 e os 24 anos são propensos a protestos e motins, conflitos civis e instabilidade com ataques terroristas, especialmente quando há poucos empregos.

A figura 5.1 mostra claramente que, no início de junho de 2014, a má distribuição da precipitação atrasou a plantação e interrompeu diretamente o desenvolvimento das culturas no nordeste da Nigéria. No entanto, "Podemos dizer com confiança que 2014 é um dos dez anos mais quentes da série e que se junta ao conjunto de temperaturas quase recorde que temos visto nas últimas duas décadas" (Metoffice 2015), o que pode estar correlacionado com o atraso no início da chuva seguido de precipitação mal distribuída que levou a uma secura anormal (alterações climáticas) que afectou a época de plantação e afectou negativamente as actividades agrícolas (fews net 2014). Neste ponto de vista, isto contribuiu para os 79 por cento de factores que complementam o aumento de preços visto em junho, julho de 2014. Assim, as chuvas atrasadas e fracas contribuíram para o pânico da fome, o que aumentou a perceção do mercado e desestabilizou a estabilização dos preços.

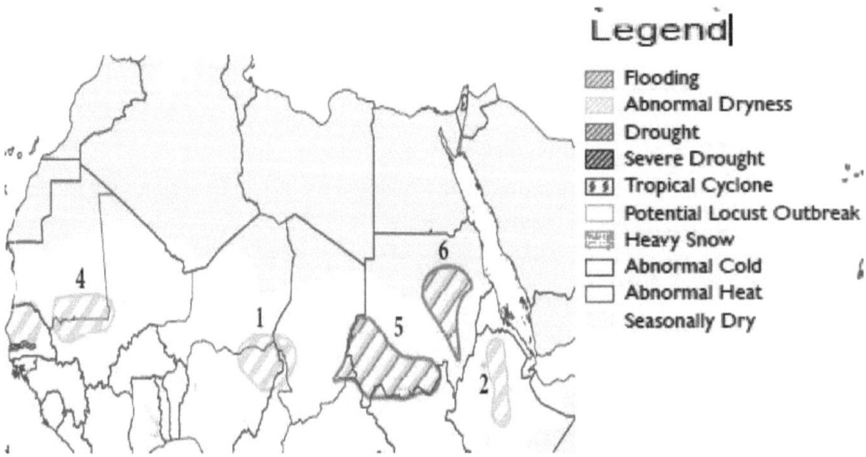

Figura 5.1: Como o stress ambiental contribuiu para a segurança alimentar em 2014 (fews.net 2014)

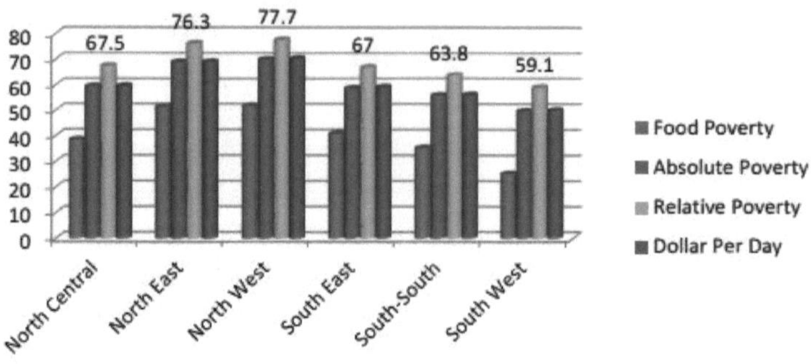

Figura 5.2: Como é que a pobreza contribuiu para a região emergente (Gabinete de Estatísticas da Nigéria, 2010).

Para cristalizar os outros factores que contribuem para o aumento de 79% no preço dos alimentos, os custos da energia não podem ser eliminados. Em janeiro de 2012, o governo federal da Nigéria retirou o antigo subsídio ao combustível, o que resultou num aumento de preços superior a 100%. A situação provocou tumultos e protestos públicos. É provável que o aumento do preço do combustível possa ter exacerbado o preço dos alimentos na região, aumentando invariavelmente as tarifas de transporte e outras logísticas (fews net 2012).

A corrupção é comum e raramente punida, pelo que "roubar não é corrupção", afirmou o antigo Presidente da Nigéria, Goodluck Jonathan (Punch news 2015). Esta condição iminente é considerada como um fator que contribui para a deterioração do tecido da segurança alimentar na região e no país em geral. A corrupção é vista como um dos factores que contribuíram para o conflito e a insegurança alimentar na região (análise da iniciativa global 2015). Como afirmou o Alto Comissário do Reino Unido para a Nigéria, Andrew Pocock, a região carece de desenvolvimento e de desenvolvimento económico, e o facto de os jovens não terem emprego torna-os propensos à radicalização. Provas citadas por testemunhas globais mostraram que um antigo ministro nigeriano do Petróleo, Dan Etete, esteve envolvido num escândalo de sigilo de 1,1 mil milhões de dólares com a sua empresa Malabu Oil and Gas e as empresas Eni e Shell. A enorme soma de dinheiro poderia ter sido utilizada para melhorar a vida dos cidadãos; no entanto, as questões foram silenciadas sem que fosse instaurado um processo judicial (global witness 2015).

A má gestão, a má governação, o subdesenvolvimento, a sabotagem económica, a corrupção, a pobreza endémica, o baixo nível de educação e o sentimento de marginalização são factores que, somados, prevalecem e permitem que a ideologia fanática do 'Boko Haram' se desenvolva (Campbell 2012), sendo o conflito um sintoma desses factores. No entanto, os factores somados também esgotam o nível de insegurança alimentar na região durante a instabilidade, em colaboração com outras pressões ambientais (figura 5.1).

Em resumo, os resultados da investigação estão correlacionados com os de D'souza e Jollife

2013. De acordo com a vertente, no Afeganistão houve provas substantivas e robustas e correlação entre as vítimas de conflitos e o nível de insegurança alimentar usando regressão multivariada. Da mesma forma, os resultados no nordeste da Nigéria complementaram a mesma situação que a investigação efectuada por Seddon e Adhikari (2003) durante o conflito entre os maoístas e o governo do Nepal. Assim, a zona de Karnali foi o estudo de caso que fazia parte de uma zona instável; outros factores agravantes que contribuíram para o nível de insegurança alimentar foram a explosão demográfica e o baixo nível de educação através da aplicação de técnicas primitivas e vernáculas na agricultura.

Alinovi *et al* (2008) apresentaram pontos de vista semelhantes no Sudão do Sul. A literatura verificou como o conflito desempenhou um papel preponderante na diminuição da segurança alimentar do país. Não só isso, mas a investigação concluiu e identificou outras questões agravantes que contribuíram imensamente, como a destruição da economia frágil que já estava menos desenvolvida e a deslocação da população da maioria dos pastores e agro-pastores.

Outra vertente de justificação veio de Vlassentroot e Raeymaekrs (2013), onde a produção de cereais (alimentos básicos) foi reduzida em 33% e 42% na produção de vegetais, o que levou a um declínio na produção geral de alimentos em cerca de 12% no Kivu do Sul, Sudão do Sul.

Capítulo 6

6.0 CONCLUSÃO E RECOMENDAÇÃO

6.1 CONCLUSÃO

A situação do Nordeste da Nigéria está a agravar-se e vidas inocentes são assassinadas diariamente em resultado da ideologia islâmica extremista e fanática do Boko Haram. Esta situação está a provocar a erosão contínua da região, já de si pouco desenvolvida. A consequência é que milhares de pessoas, na sua maioria mulheres e crianças, são vítimas de violência doméstica no seu próprio país, o que obriga algumas delas a emigrar para países fronteiriços como refugiados: O Chade, os Camarões e o Níger são atualmente citados como milhares de refugiados.

Uma das principais fontes de subsistência na região é a agricultura e a pesca. Nesta perspetiva, a terra, a mão de obra, o capital e o mercado são factores que têm de se esforçar para que a atividade agrícola tenha lugar. Aparentemente, a investigação encontrou numerosas provas baseadas na inferência estatística e em várias literaturas e descobertas que concluem sobre a forma como o conflito do Boko Haram teve impacto e reduziu a segurança alimentar na região. Um dos preços dos alimentos básicos e mais cultivados (painço) foi utilizado como indicador da estabilização dos preços (variável dependente) e os números de vítimas (variável independente) como indicador de conflito, aparentemente, após uma regressão rigorosa com um nível de confiança de 95%, a investigação mostrou que o conflito na região afectou o preço dos alimentos básicos no mercado regional de Damasak e indiretamente serve como um indicativo de que a produção regional de cereais (disponibilidade de alimentos) é afetada com um valor $P < 0{,}05$ de significância estatística.

No entanto, com uma análise mais extensa e intensiva, a investigação alargou a sua linha de costa e chegou à conclusão de que a insegurança alimentar foi travada pelo conflito com 21% (R-quadrado), ou seja, outros factores contribuíram para exacerbar o preço dos alimentos básicos no mercado regional. Obviamente, a partir da discussão acima é que a instabilidade na região raramente é fundamentada como as causas simples da insegurança alimentar ou do aumento dos preços dos alimentos, mas com a acumulação de um conjunto complexo de factores inter-relacionados, nem o conflito nem a crise alimentar existem no vácuo: outros aspectos da marginalização, pobreza, corrupção, subdesenvolvimento, sabotagem económica com stress ambiental podem contribuir para a falha da segurança alimentar e do preço dos alimentos básicos em 79%.

A insegurança alimentar exacerbou os conflitos, como se viu na primavera Árabe, em resultado do aumento do preço do pão e da supressão dos subsídios ao trigo. Curiosamente, a tendência varia drasticamente no Nordeste da Nigéria. A tendência mostra que, de 2009 a 2014, o preço dos alimentos básicos tem vindo a aumentar de forma consistente com a correlação do aumento do número de vítimas, embora a tendência não seja perfeitamente seguida, como mostra o quadro 4.1, o que demonstra evidentemente que o conflito exacerbou a situação de insegurança alimentar. Do mesmo modo, registou-se um efeito de ondulação do Nordeste no sistema de mercado do mercado regional de cereais do Noroeste (Mercado de Dawanau, Kano) com uma significância estatística inferior a 0,05, como se pode ver no quadro A3.1.

6.2 RECOMENDAÇÕES

O Boko Haram é a principal causa de instabilidade na região do Nordeste da Nigéria, que serve de epicentro. Atualmente, a ideologia fanática polarizou-se e alastrou a países vizinhos como o Níger, o Chade e os Camarões. Os países afectados pela instabilidade tomaram algumas resoluções para domar a ameaça do terrorismo islâmico regional pela raiz, que incluem uma força multinacional conjunta, a recolha de informações e a logística. No entanto, foi dado um passo em frente no estabelecimento de refugiados nos países fronteiriços com a Nigéria, que ultrapassaram os 200.000, como se pode ver na figura 6.1 (internal - displacement.org 2015).

Figura 6.1 Mostra o movimento de deslocados internos e refugiados (internal - displacement. org 2015)

Esta conclusão sugere algumas recomendações adequadas para os decisores políticos, investigadores e analistas. Estas recomendações incluem uma abordagem holística e inclusiva, classificada em termos gerais em "curto e longo prazo".

6.2.1 Recomendação a curto prazo

As intervenções a curto prazo devem incidir sobre a atual proteção e salvaguarda dos refugiados, os meios de subsistência, os abrigos e a satisfação das necessidades básicas relativas à segurança alimentar, em particular. Basicamente, a ajuda alimentar e a disponibilização aos deslocados internos de meios para assegurar as suas vidas são os principais objectivos. Além disso, a investigação propôs formas de melhorar o nível de segurança alimentar.

As recomendações dividem a resposta de emergência em matéria de segurança alimentar em apoio à produção (apoio à agricultura e à pecuária), apoio ao rendimento (geração de rendimentos, formação de competências) e apoio ao mercado. Os objectivos destas diferentes formas de apoio à segurança alimentar variam em função do contexto, nomeadamente da gravidade dos riscos que os diferentes grupos enfrentam em termos de segurança alimentar e de meios de subsistência. No entanto, os objectivos da recomendação a curto prazo centram-se na satisfação das necessidades alimentares imediatas, no abrigo e na proteção e fornecimento de meios de subsistência (Jaspars e Maxwell 2009).

6.2.1.1 Ajuda alimentar

Basicamente, a ajuda alimentar insere-se no âmbito da provisão de meios de subsistência, que consiste em satisfazer as necessidades básicas através do fornecimento de bens em espécie. Nas acções de desenvolvimento, há questões relacionadas com os alimentos a fornecer e a considerar: tipo de ajuda alimentar e modo de fornecimento. Neste caso, a ajuda alimentar é considerada como um apoio a programas que é geralmente fornecido para efeitos de uma certa forma de apoio orçamental e, neste caso, como uma forma indireta de assistência financeira, utilizando produtos de base que o país teria normalmente de adquirir comercialmente (Singer *et al.*, 1987). Embora a ajuda alimentar continue a ser a resposta mais comum às necessidades suscitadas pelo conflito, a investigação recomenda um espetro diversificado de abordagens, tendo em conta a tradição regional e a religião. Tendo em conta o nível económico dos Estados em conflito e dos países fronteiriços, a ajuda alimentar pode ser prestada através de

(i) Alimentos-por-trabalho: O Chade, o Níger e a parte norte da Nigéria estão a perder constantemente o seu território de cintura verde devido à desertificação. No entanto, os refugiados capazes podem ser integrados em vários esquemas de conservação do solo, tais como a plantação de árvores quebra-ventos e a colocação de barreiras.

(ii) Ajuda alimentar para a geração de rendimentos: A dependência excessiva dos refugiados em relação ao governo e às organizações de ajuda humanitária pode não ser sustentável neste conflito prolongado que se arrasta desde 2009, pelo que deve haver um reforço institucional e o desenvolvimento de quadros para várias situações de refugiados e deslocados. A aquisição de competências, como o artesanato tradicional e o fabrico de bonés, a formação e a geração de rendimentos devem ser introduzidas para reduzir a carga total sobre o governo e os doadores.

(iii) Ajuda alimentar para grupos vulneráveis e para fins humanitários: Neste caso, as crianças em idade pré-escolar, as mães e os grupos de idosos devem ser considerados vulneráveis, uma vez que estão mais expostos ao risco de subnutrição. Ou seja, deve ser dada preferência a esses grupos através do fornecimento dos géneros alimentícios certos no momento certo. Isto pode ser feito de forma eficaz através do fornecimento de vales, que se acredita serem mais seguros do que o dinheiro e menos susceptíveis de serem roubados, reduzindo o risco de desvio, podendo ser mais adequados do que a ajuda em espécie se as estradas forem inseguras e difíceis de transportar grandes quantidades de material e bens. A utilização de cupões produziu resultados bem sucedidos, como se verificou no Darfur pela Catholic Relief Services (CRS) e nos Territórios Palestinianos para material escolar (UNICEF) e para produtos alimentares e não alimentares (Jaspars e Maxwell 2009).

6.2.1.2 Campos de deslocados/refugiados

Neste contexto, os deslocados internos são pessoas ou grupos de pessoas que foram forçados a abandonar as suas casas ou o seu local de residência habitual, particularmente em resultado de ou para evitar conflitos armados, violência, violação dos direitos humanos em resultado de catástrofes de origem humana e que não atravessaram uma fronteira estatal reconhecida internacionalmente (CICV 2015). A alimentação, o abrigo, os cuidados de saúde e a segurança são fundamentais durante a instabilidade. A Matriz de Monitorização das Deslocações (MTD) deve ser utilizada para apoiar um sistema abrangente de gestão por parte do governo e das ONG. A DTM é uma avaliação que fornece o perfil da população de refugiados, incluindo dados demográficos, localização da deslocação, motivos da deslocação, ano da deslocação, origem dos refugiados/IDP, tipo de localização e perfil do campo (IOM 2015). Além disso, os vários campos devem dispor de um sistema de saúde adequado e seguro, de saneamento e de fontes de água.

No entanto, a Agência Nacional de Gestão de Emergências (NEMA) tem feito esforços para instalar algumas das populações deslocadas em vários campos espalhados pelo país, especialmente em Maiduguri, Damaturu, Yola, Gombe, Kano, Taraba e Abuja, como mostra a figura 6.1. Por conseguinte, é necessário envidar esforços adicionais, uma vez que alguns dos deslocados internos se queixam amargamente de não disporem de alimentos e de logística (National Mirror Online 2015)

6.2.2 RECOMENDAÇÃO A LONGO PRAZO (PÓS-CONFLITO)

Neste contexto, a investigação recomenda a utilização de botas no terreno e a diplomacia, a reconciliação, a reabilitação, a reconstrução, a boa governação, uma política económica integrada e inclusiva, uma agricultura diversificada, sustentável e resistente, com um sistema de mercado sólido e um valor acrescentado.

6.2.2.1 Abordagem de botas no terreno e diplomacia (negociação); a paz e a reconciliação só podem ser ouvidas pelos terroristas islâmicos depois de uma utilização excessiva da força multinacional para os cortar pela raiz. O Níger, o Chade, os Camarões e a Nigéria devem fornecer uma força de recolha de informações para pôr termo à ameaça do Boko Haram, e, posteriormente, a diplomacia e a negociação como último recurso para alcançar a segurança humana.

6.2.2.2 Reconciliação, reabilitação e reconstrução: trata-se da reorientação psicológica e da reabilitação das pessoas envolvidas em atrocidades e das vítimas, bem como de eventuais indemnizações.

6.2.2.3 Boa governação: o subdesenvolvimento, a sabotagem económica, a marginalização e o baixo nível de educação na região contribuíram imensamente para o florescimento das actividades terroristas. Até que a boa governação e os indivíduos sejam responsabilizados a vários níveis ou ramos do governo, poderá surgir um pandemónio semelhante em qualquer uma das regiões.

6.2.2.4 Agricultura e sistema de mercado sustentáveis: é evidente que o nordeste da Nigéria tem sofrido pressões ambientais que vão desde a desertificação, o atraso das chuvas e as temperaturas extremas. As condições podem não ser adequadas para os agricultores, pastores e pescadores. Esta situação afecta diretamente a produtividade e, indiretamente, agrava o preço dos alimentos básicos produzidos pelos indígenas. No entanto, uma agricultura resiliente e melhorada constitui uma alternativa para reduzir o atual stress global. Estas podem ser alcançadas através de:

(i) Utilização de opções tecnológicas e de gestão nas explorações agrícolas para reduzir os custos, proteger a saúde e a qualidade ambiental e melhorar as interações biológicas benéficas e os processos naturais (Tansey e Worsely 1995).

(ii) Os investigadores de instituições privadas e públicas deveriam dar uma prioridade muito maior ao desenvolvimento e à utilização de recursos biológicos e genéticos para reduzir a utilização de produtos químicos agrícolas, nomeadamente os que ameaçam a saúde humana e o ambiente (Tansey e Worsely 1995).

(iii) O governo deveria estabelecer uma reserva regional de alimentos, que não só amortecerá e reforçará a flutuação dos preços dos alimentos, mas também limitará as exigências súbitas no orçamento para comprar a preços elevados os produtos em falta no mercado local. Além disso, em situações de emergência, proporcionam um amortecedor para um alívio rápido enquanto se aguarda a chegada da ajuda alimentar de emergência (Singer *et al* 1987). Mais ainda, a dimensão da reserva de segurança deve ser suficiente, pelo menos, para colmatar o intervalo de tempo entre o reconhecimento de uma crise alimentar pendente e a chegada de ajuda externa, tendo em conta a possibilidade de população regional e calculando com base no consumo diário mínimo de cereais per capita para os primeiros 3 meses (Royal Tropical Institute, Amesterdão 1984). Além disso, para reforçar o preço dos alimentos básicos de forma sustentável, é necessário estabelecer um sistema de comunicação eficaz a nível nacional para uma transmissão semanal por rádio (comunicação mais comum) do preço de mercado aos produtores e consumidores em toda a região. Em combinação com a abordagem de transmissão, o preço mais recente deve ser listado em vários mercados das aldeias, porque a informação actualizada é essencial para proteger os pequenos agricultores dos extorsionários do mercado e dos especuladores comerciais (Royal Tropical Institute,

Amesterdão 1984). Concluindo, a segurança humana continua a ser primordial na região, subsequentemente, a boa governação holística com segurança alimentar através da melhoria da conservação do solo, intensificação da terra, avaliação das agro-indústrias e do seu valor económico, assegurando uma comercialização alimentar resistente e o envolvimento de conhecimentos técnicos na região devem estar entre as medidas pós-conflito.

Referências

Acaps (2012) *Northern Mali Conflict and Food Insecurity* [em linha] disponível em <http://www.acaps.org/en/countrv-analysis> [15 de junho de 2015]

Acled data (2015) 'Update on acled resources on Boko Haram' *Real time analysis of Political Violence across Africa* [online] disponível em < http://www.crisis.acleddata.com/update-on-acled-resources-on-boko-haram/ > [9 de julho de 2015]

Alinovi,L., Hemrich, G. e Russo, L. (2008) 'Beyond Relief Food Security in Protracted Crises'. *FAO* [em linha] disponível em <http://www.fao.org/3/a- a0778e.pdf>[15 de junho de 2015]

Amaza, P., Abdoulaye, T., Kwaghe, P. and Tegbaru, A. (2009) 'Changes in Household food security and poverty status in PROSAB area of Southern Borno State, Nigeria' *International Institute of Tropical Agriculture.* Disponível em<http://www.iita.org/c/document library/get file?uuid=c4 84ccbb-f211 -4f15-8529-19be3ce12661&groupId=25357> [15 de junho de 2015]

AOAVB (2015) *The Violent Road: O Nordeste da Nigéria* [em linha] disponível em <https://aoav.org.uk/?s=boko+haram> [15 de junho de 2015]

Awodola, B. And Oboshi, A. (2015) 'Terrorism in Northern Nigeria : A Threat to Food Security in Maiduguri' *Mediterranean Journal of Social Sciences* [online] disponível em <http://www.mcser.org/journal/index.php/mjss/article/view/6455/6188> [15 de junho de 2015]

Awojobi, O., N. (2014) 'The Socio-Economic Implications of Boko Haram Insurgency in the North- East of Nigeria' *International Journal of Innovation and Scientific Research* [online] disponível em <https://www.researchgate.net/publication/271852689 The SocioEconomic Implications of Boko Haram Insurgency in the NorthEast of Nigeria> [14 de junho de 2015]

Awopeju,S.,O. (2014) 'Determinants of Poverty Depth among Households in Rural Urban Nigeria' *Responsible Development in a Polycentric World* [online] disponível em <http://eadi.org/gc2014/index.php/gc2014-awopeju-56.pdf@page=downloadpaper&filename=gc2014-awopeju-56.pdf&form id=56&form index=2&form version=final> [15 de junho de 2015]

Baulch, B. (2001) 'Food Marketing' *Food security in Sub-Saharan Africa.* ed. Devereux, S. and Maxwell,S. Londres: ITDG Publishing

Bertolucci, V. e Corman. S. (2014) ' The Narrative Landscape of Al-Qaeda in the Islamic Maghreb' *Center for Strategic Communication* [online]availablefrom<http://csc.asu.edu/wp-content/uploads/pdf/csc1401-aqim- narrative-landscape.pdf>[14 de junho de 2015]

Bodansky, Y. (2015) 'The Boko Haram and Nigerian Jihadism' *ISFSW* [em linha] disponível em <http://www.isn.ethz.ch/Digital- Library/Publications/Detail/?id=187751> [14 de junho de 2015]

Brinkman, H. e Hendrix, C.,S. (2011) 'Food Insecurity and Violent Conflict: Causes, Consequences, and Addressing the Challenges' *WFP* [em linha] disponível em <http://www.wfp.org/content/occasional-paper-24-food-insecurity-and-violent- conflict-causes-consequences-and-addressing-> [15 de junho de 2015]

Campbell, A. (2012) "Campbel : Boko Haram's Damage to Nigeria is Huge" *Thisdaylive* [em linha] disponível em < http://www.thisdaylive.com/articles/campbell- boko-haram-s-damage-to-nigeria-is-huge/130970/ >[9 de julho de 2015]

Collinson, P. and Macbeth, H. (2014) *Food in Zones of Conflict:Cross-Displinary Perspectives* [online] UK: Berghahn Books. Disponível em <https://books.google.co.uk/books?id=LyAfAwAAQBAJ&printsec=frontcover&source=gbs_ge_summary_r&cad=0#v=onepage&q&f=false> [15 de junho de 2015]

D' Souza, A. e Jolliffe, D. (2013) "Conflict, food price shocks, and food insecurity: The experience of Afghan households. *Science Diret* [em linha] disponível em <http://www.sciencedirect.com/science/article/pii/S0306919213000730> [15 de junho de 2015]

Devereux, S. (2001) 'Famine in Africa' *Food security in Sub-Saharan Africa.* ed. Devereux, S. and Maxwell,S. Londres:ITDG Publishing

Ecker, O., Breisinger,C., McCool, C., Diao,X., Funes,J., You,L. e Yu,B. (2010) 'Assessing Food security in Yemen' *International Food Policy Research Institute* [em linha] disponível em <http://www.ifpri.org/publication/assessing-food-security- yemen> [15 de junho de 2015]

FAO (2006) *Policy Brief* [em linha] disponível em < http://www.fao.org/forestry/13128-0e6f36f27e0091055bec28ebe830f46b3.pdf >[15 de junho de 2015]

Fews net (2015) *Scenario Development* [em linha] disponível em <http://www.fews.net/our-work/our-work/scenario-development> [15 de junho de 2015]

Fews net (2014a) *Global Weather Hazards Summary* [em linha] disponível em < http://www.fews.net/sites/default/files/documents/reports/Nigeria_2014_12_PB.pdf > [13 de agosto de 2015]

Fews net (2014) *Global Weather Hazards Summary* [em linha] disponível em < http://www.fews.net/sites/default/files/documents/reports/Global%20Weather%20Ha zard-140821.Final.pdf > [5 de julho de 2014]

Fews net (2012) *Nigeria Market Assessment Summary* [em linha] disponível em < http://pdf.usaid.gov/pdf_docs/PNADY279.pdf > [5 de julho de 2012]

Flores, M. (2004) 'Conflict, Rural Development and Food Security in West Africa'. *FAO* [em linha].disponível em <ftp://ftp.fao.org/docrep/fao/007/ae057e/ae057e00.pdf> [15 de junho de 2015]

Freedom, C., O. e Ezirim,G.,E. (2013) 'Terrorism and Transnational Organised Crime in West Africa' *Al-Jazeera[online]* disponível em <http://studies.aljazeera.net/en/reports/2013/06/2013624102946689517.htm> [14 de junho de 2015]

Análise da iniciativa global (2015) "Nigeria and Boko Haram Tracker" *Análise da iniciativa global* [em linha] disponível em <http://www.usfglobalinitiative.org/newsletter/category/recommendations/> [15 de julho de 2015]

Global terrorism data (2015) 'Global terrorism database' *Start* [em linha] disponível em <http://www.start.umd.edu/gtd/search/Results.aspx?search=Boko+haram&sa.x=26&sa.y=5&sa=Search > [19 de julho de 2015]

Global witness (2015) 'Eni Appears to Have Misled Shareholders over Nigeria Corruption Scandal At 2014 AGM' *Global witness* [online] disponível em < https://www.globalwitness.org/blog/eni-appears-have-misled-shareholders-over-nigeria-corruption-scandal-2014-agm/ > [15 de julho de 2015]

Gupta,S. , R.,Kibiriya, S.,R., Price,E. (2011) 'Estimating Cost of Conflict and Increasing Food Security in Southern Sudan' *AAEA and NAREA* [online] disponível em <http://econpapers.repec.org/paper/agsaaea11/104003.htm> [15 de junho de 2015]

Helland , J e Sorbo, G. , M. (2014) 'Food securities and Social conflict' *CMI REPORT* [em linha] disponível em <http://www.cmi.no/publications/publication/?5170=food-securities-and-social- conflict > [26 de julho de 2015]

CICV (2015) 'Internal Displacement in Armed Conflict: Facing up to the Challenges' *Comunidade Internacional da Cruz Vermelha* [em linha] disponível em < https://www.icrc.org/eng/assets/files/other/icrc 002 4014.pdf > [18 de julho de 2015]

Ihle,R. e Rubin,O.,D. (2013) 'Consequances of unintended food policies:Food price dynamics subject to the Israeli-Palistinian conflict' *ScinceDirect[on\ine]* disponível em <http://www.sciencedirect.com/science/article/pii/S0306919213001048> [15 de junho de 2015]

Internal - displacement (2015) 'Boko Haram's terror ripples through the region' *Internally displacement monitoring centre* [online] disponível em < http://www.internal-displacement.org/publications/2015/boko-harams-terror-rrpples- through-the-region > [18 de julho de 2015]

IOM (2015) ' The IDP situation in North- East Nigeria' IOM [em linha] disponível em <

http://www.iom.int/search/The%20IDP%20situation%20in%20North-%20East%20Nigeria%E2%80%99 > [18 de julho de 2015]

Irin news (2013 a) *'North East Nigeria: Hundreds of thousands have fled"* [em linha] disponível em < http://www.irinnews.org/report/98618/conflict-gives-rise-to-food- crisis-in-northeast-nigeria > [28 de junho de 2015]

Irin news (2013b) *'North East Nigeria: Hundreds of thousands have fled"* [em linha] disponível em < http://www.irinnews.org/report/100890/northeast-nigeria-hundreds- of-thousands-have-fled > [28 de junho de 2015]

Jaspars, S. e D. Maxwell (2009) *Food security and livelihoods programming in conflict: a review* Londres: Humanitarian Practice Network (HPN)

Kimenyi,M., Adibe, J., Djire, M., Jirqi,A.,J., Kergne, A.,Deressa, T.,T., Pugllese, J.,E. e Westbury,A. (2014) 'The Impact of Conflict and Political Instability on Agricultural investments in Mali and Nigeria' *Africa Growth Initiative* [online] disponível em <http://www.brookings.edu/research/papers/2014/07/conflict- political-instability-agricultural-investments-mali-nigeria>[14 de junho de 2015]

Little,P.,D. (2008) 'Livelihoods, assets and food security in a protracted political crisis : The case of the Jubba Region, southern Somalia' *Beyond Relief Food Security in Protracted Crises* [online] disponível em <http://www.fao.org/3/a-a0778e.pdf> [15 de junho de 2015]

Metoffice (2015) '2014 one of the warmest year on record globally' *Metoffice* [em linha] disponível em <http://www.metoffice.gov.uk/news/release/archive/2015/2014-global-temperature> [14 de julho de 2015]

National Bureau *of* Statistics (NBS) (2010) 'The Nigeria Poverty Profile 2010 Report' *National Bureau of Statistics*. NBS:Abuja.

National Mirror Online (2015) ' We have run out of food, Taraba IDPs cry out' *National Mirror Online* [online] disponível em < http://nationalmirroronline.net/new/we-have-run-out-of-food-taraba-idps-crv-out/ > [19 de julho de 2015]

Oroom (2015) 'Al Kaeda in Nigeria' *The Orange room* [em linha] disponível em < http://www.oroom.org/forum/threads/al-kaeda-in-nigeria-boko-haram-i-e-western-education-is-forbidden-violence.45926/page-8 > [13 de julho de 2015]

Punch news (2015) "Thoughts on 'stealing is not corruption'" *Punch News* [em linha] disponível em < http://www.punchng .com/opinion/viewpoint/thoughts -on- stealing-is-not-corruption/ > [9 de julho de 2015]

Royal Tropical Institute, Amesterdão (1984) *Food Strategies in Four African Countries : A study on Food Policy Formulation and Implementation in Kenya, Mali, Rwanda and Zambia* Amesterdão: O Real Instituto Tropical

Russo,L. (2008) 'Perfil da crise e da segurança alimentar: Sudão' *Beyond Relief Food Security in Protracted Crises* [online] disponível em <http://www.fao.org/3/a- a0778e.pdf> [15 de junho de 2015]

Seddon, D. e Adhikari, J. (2003) 'Conflict and Food Security in Nepal' *Rural Reconstruction Nepal* [em linha] disponível em< http://www.rrn.org.np/publication/conflict-and-food-securitv-in-nepal-a-preliminarv-analysis/ > [28 de junho de 2015]

Simmons, E. (2013) 'HarvetingPeace:FoodSecurity,Conflict,and Cooperation' *Wilson Centre* [em linha] disponível em <http://www.wilsoncenter.org/publication/harvesting-peace-food-security-conflict- and-cooperation> [15 de junho de 2015]

Simon, M. (2001) 'Food Marketing' *Food security in Sub-Saharan Africa.* ed. Devereux, S. and Maxwell,S. Londres:ITDG Publishing

Singer, H., Wood, J. e Jennings, T. (1987) *Food Aid: The Challenge and the Opportunity*, Nova Iorque: Oxford University Press

Swift, J. e Hamilton, K. (2001) 'Food Marketing' *Food security in Sub-Saharan Africa.* ed. Devereux,S. e Maxwell,S. Londres:ITDG Publishing

Tansey,G. e Worsley, T. (1995) 'Farmers, Workers and Traders' *The Food System: Um guia* Londres: Earthscan Publication Limited

Vlassenroot,K. e Raeymaekers,T. (2008) 'Crisis and food security profile:The Democratic Republic of the Congo' *Beyond Relief Food Security in Protracted Crises* [online] disponível em <http://www.fao.org/3Za-a0778e.pdf> [15 de junho de 2015]

White,P. (2005) ' How does conflict affect food security in Ethiopia and Eritrea?' *Eldis* [em linha] disponível em <http://www.eldis.org/id21ext/s2pw1g1 .html> [15 de junho de 2015]

Young,M.,E (2012) *Food and Development* New York: Rouledge

Apêndice 1.0

Tabela A1.1: Mostra os números de vítimas com localização no Nordeste, Nigéria (julho de 2009 a abril de 2014)

S/n	Data	Localização	Estado	Sítio	Fatalidade
2	21-Jul-09	Biu	Borno	hrw.org	1
3	26-Jul-09	Bauchi	Bauchi	vanguardngr. com	33
4	27-Jul-09	Maiduguri	Borno	Notícias da Reuters	800
7	28-Jul-09	Pokiskum	Yobe	todos africa.com	100
8	29-Jul-09	Pokiskum	Yobe	hrw.org	43
9	30-Jul-09	Maiduguri	Borno	Notícias da BBC	15
10	09-Fev-10	Maiduguri	Borno	A imprensa associada	7
11	25-Aug-10	Maiduguri	Borno	BBC Monitoring África	2
12	05-Set-10	Bama	Borno	Agência França	1
13	21-Set-10	Maiduguri	Borno	Agência France Presse	2
14	06-Out-10	Maiduguri	Borno	Agência França	1
15	06-Out-10	Maiduguri	Borno	Agência França	1
16	09-Set-10	Maiduguri	Borno	Agência France Presse	1
17	14-outubro-10	Bauchi	Bauchi	Agência França	2
18	19-outubro-10	Maiduguri	Borno	Agência França	1
19	22-Out-10	Bauchi	Bauchi	Agência France Presse	1
20	24-outubro-10	Gulani	Yobe	Notícias da Reuters	1

21	13-Nov-10	Maiduguri	Borno	Agência França	1
22	19-Nov-10	Maiduguri	Borno	Agência France Presse	3
23	23-Nov-10	Maiduguri	Borno	Agência França	2
25	04-Dez-10	Maiduguri	Borno	Agência França	3
29	24-Dez-10	Maiduguri	Borno	Agência França	1
31	24-Dez-10	Maiduguri	Borno	Notícias da Reuters	6
34	28-Dez-10	Maiduguri	Borno	Agência France Presse	1
35	28-Dez-10	Maiduguri	Borno	Agência França	1
37	29-Dez-10	Maiduguri	Borno	Notícias da Reuters	1
38	29-Dez-10	Maiduguri	Borno	Notícias da Reuters	1
39	29-Dez-10	Maiduguri	Borno	Notícias da Reuters	1
40	29-Dez-10	Maiduguri	Borno	Notícias da Reuters	1
41	03-Jan-11	Maiduguri	Borno	Agência França	1
42	07-Jan-11	Gombe	Gombe	start.umd.edu	8
43	23-Jan-11	Biu	Borno	Agência França	1
44	23-Jan-11	Maiduguri	Borno	Agência France Presse	1
45	24-Jan-11	Maiduguri	Borno	Agência France Presse	1
46	26-Jan-11	Maiduguri	Borno	Agência	1

				France Presse	
47	28-Jan-11	Maiduguri	Borno	Agência France Presse	7
48	30-Jan-11	Maiduguri	Borno	Agência France Presse	3
49	01-Fev-11	Maiduguri	Borno	Reuters	1
50	02-Fev-11	Maiduguri	Biu	Agência França	1
51	26-Fev-11	Maiduguri	Borno	Agência França	1
52	01-Mar-11	Maiduguri	Borno	Agência França	1
53	01-Mar-11	Maiduguri	Borno	Agência França	2
54	13-Mar-11	Maiduguri	Borno	Agência France Presse	1
55	18-Mar-11	Maiduguri	Borno	Agência France Presse	1
56	27-Mar-11	Maiduguri	Borno	Agência France Presse	1
57	29-Mar-11	Maiduguri	Borno	Agência France Presse	4
58	08-Abr-11	Shani	Borno	Reuters	4
59	24-Abr-11	Maiduguri	Borno	Agência França	3
60	27-Abr-11	Maiduguri	Borno	Agência França	1
61	12-maio-11	Maiduguri	Borno	Agência France Presse	1
62	13-maio-11	Maiduguri	Borno	Agência França	2
63	18-maio-	Maiduguri	Borno	Agência	3

	11			França	
64	23-maio-11	Maiduguri	Borno	Agência France Presse	1
65	26-maio-11	Maiduguri	Borno	Agência França	1
66	26-maio-11	Maiduguri	Borno	Agência França	1
67	27-maio-11	Danboa	Borno	Agência França	13
68	30-maio-11	Maiduguri	Borno	Agência França	1
69	06-Jun-11	Biu	Borno	Agência France Presse	1
70	07-Jun-11	Maiduguri	Borno	Agência France Presse	2
71	07-Jun-11	Maiduguri	Borno	Agência France Presse	3
72	08-Jun-11	Bauchi	Bauchi	Agência França	1
73	12-Jun-11	Maiduguri	Borno	Agência France Presse	4
74	16-Jun-11	Danboa	Borno	Agência France Presse	6
81	26-Jun-11	Maiduguri	Borno	Agência França	2
82	26-Jun-11	Maiduguri	Borno	Agência França	25
83	02-Jul-11	Maiduguri	Borno	Agência France Presse	10
84	02-Jul-11	Maiduguri	Borno	Agência France Presse	3
85	05-Jul-11	Maiduguri	Borno	Toda a África	4
86	09-Jul-11	Maiduguri	Borno	Agência France Presse	11

87	12-Jul-11	Maiduguri	Borno	Toda a África	50
91	26-Jul-11	Maiduguri	Borno	BBC Monitoring África	1
95	04-Aug-11	Maiduguri	Borno	Agência França	2
97	16-Ago-11	Maiduguri	Borno	Agência France Presse	1
100	19-Aug-11	Maiduguri	Borno	Agência França	3
101	19-Aug-11	Maiduguri	Borno	Agência França	1
102	25-Aug-11	Gombi	Adama wa	África Boletim de investigação	13
103	25-Ago-11	Gombi	Adama wa	África Boletim de investigação	8
110	12-Set-11	Misau	Bauchi	Agência França	4
111	12-Set-11	Maiduguri	Borno	Agência França	4
114	01-Out-11	Maiduguri	Borno	Agência França	3
115	05-Out-11	Maka	Borno	Agência França	2
117	10-outubro-11	Maiduguri	Borno	Agência França	2
118	15-outubro-11	Maiduguri	Borno	Agência França	1
119	16-Out-11	Kwami	Gombe	Agência França	4
120	22-outubro-11	Maiduguri	Borno	Reuters	1
125	04-Nov-	Maiduguri	Borno	Agência	7

	11			França	
126	04-Nov-11	Maiduguri	Borno	África Investigação Boletim	7
128	04-Nov-11	Damaturu	Yobe	Os irlandeses Examinador	63
130	06-Nov-11	Damaturu	Yobe	África Boletim de investigação	31
135	14-Nov-11	Maiduguri	Borno	BBC Monitoring África	1
137	27-Nov-11	Geidam	Yobe	Platts Commodity News	3
138	02-Dez-11	Maiduguri	Borno	BBC Monitoring África	3
139	04-Dez-11	Azare	Bauchi	Agência França	6
140	13-Dez-11	Maiduguri	Borno	Agência France Presse	10
142	22-Dez-11	Maiduguri	Borno	BBC Monitoring África	11
143	22-Dez-11	Damaturu	Yobe	BBC Monitoring África	50
144	25-Dez-11	Gadaka	Gombe	BBC Monitoring África	6
149	25-Dez-11	Damaturu	Yobe	BBC Monitoring África	6
150	27-Dez-11	Maiduguri	Borno	BBC Monitoring África	4
151	05-Jan-12	Gombe	Gombe	Agência França Imprensa	6
152	06-Jan-12	Yola	Adama wa	Agência França Imprensa	8
153	06-Jan-12	Potiskum	Yobe	Agência	2

				França Imprensa	
154	07-Jan-12	Biu	Borno	Agência França Imprensa	3
155	08-Jan-12	Maiduguri	Borno	Agência França Imprensa	1
156	09-Jan-12	Biu	Borno	Agência França Imprensa	2
157	11-Jan-12	Potiskum	Yobe	Agência França Imprensa	4
158	13-Jan-12	Yola	Adama wa	Agência França Imprensa	2
159	13-Jan-12	Gombe	Gombe	Agência França Imprensa	2
160	17-Jan-12	Maiduguri	Borno	África Boletim de investigação	2
161	20-Jan-12	Kano	Kano	África Boletim de investigação	185
162	20-Jan-12	Potiskum	Yobe	BBC Monitoring África	1
163	23-Jan-12	Pompomar i	Borno	Notícias Xinhua Agência	4
164	24-Jan-12	Kano	Kano	Agência França Imprensa	2
165	28-Jan-12	Maiduguri	Borno	APANEWS	11
166	30-Jan-12	Potiskum	Yobe	Agência França Imprensa	1
167	02-Fev-12	Maiduguri	Borno	Agência França Imprensa	6
168	05-Fev-12	Maiduguri	Borno	BBC Monitoring África	2
169	06-Fev-12	Maiduguri	Borno	Agência França Imprensa	3

170	10-Fev-12	Maiduguri	Borno	Agência França Imprensa	4
171	11-Fev-12	Potiskum	Yobe	Agência França Imprensa	2
172	13-Fev-12	Maiduguri	Borno	Notícias Xinhua Agência	13
173	15-Fev-12	Maiduguri	Borno	BBC Monitoring África	1
174	19-Fev-12	Konduga	Borno	BBC Monitoirng África	2
175	19-Fev-12	Maiduguri	Borno	BBC Monitoring Newsfile	8
176	20-Fev-12	Maiduguri	Borno	Agência França Imprensa	30
177	24-Fev-12	Gombe	Gombe	Agência França Imprensa	12
178	27-Fev-12	Jama'are	Bauchi	Agência França Imprensa	3
179	27-Fev-12	Ningi	Bauchi	A imprensa Trust of India Limited	4
180	27-Fev-12	Maiduguri	Borno	Agência França Imprensa	1
181	29-Fev-12	Maiduguri	Borno	BBC Monitoring África	4
182	01-Mar-12	Maiduguri	Borno	Notícias Xinhua Agência	3
183	05-Mar-12	Maiduguri	Borno	O canadiano Imprensa	3
184	07-Mar-12	Ashaka	Gombe	Agência França Imprensa	4
185	10-Mar-12	Bama	Borno	Agência França Imprensa	1

186	12-Mar-12	Mubi	Adama wa	Agência França Imprensa	3
187	12-Mar-12	Maiduguri	Borno	O Guardião Nigéria	1
188	22-Mar-12	Maiduguri	Borno	BBC Monitoring África	2
189	24-Mar-12	Maiduguri	Borno	BBC Monitoring África	5
190	25-Mar-12	Maiduguri	Borno	Agência França Imprensa	6
191	26-Mar-12	Maiduguri	Borno	APANEWS	2
192	28-Mar-12	Maiduguri	Borno	Reuters	4
193	28-Mar-12	Damagum	Yobe	Agência França Imprensa	4
194	30-Mar-12	Askira	Borno	BBC Monitoring África	4
195	02-Abr-12	Maiduguri	Borno	A Nigéria Guardião	3
196	04-Abr-12	Maiduguri	Borno	Agência França	7
197	08-Abr-12	Dikwa	Borno	Agência France Presse	6
198	08-Abr-12	Maiduguri	Borno	APANEWS	3
199	09-Abr-12	Potiskum	Yobe	Agência França	4
200	10-Abr-12	Banki	Borno	Agência France Presse	5
201	11-Abr-12	Banki	Borno	Agência France Presse	10
202	17-Abr-12	Maiduguri	Borno	A Nigéria Guardião	4

203	19-Abr-12	Maiduguri	Borno	Agência França	6
204	21-Abr-12	Maiduguri	Borno	Bloomberg	2
205	22-Abr-12	Biu	Borno	Ocidental Notícias da manhã	5
206	24-Abr-12	Damaturu	Yobe	Agência France Presse	5
207	26-Abr-12	Maiduguri	Borno	A Nigéria Guardião	7
208	26-Abr-12	Damaturu	Yobe	BBC Monitoring África	5
209	29-Abr-12	Maiduguri	Borno	Notícias da Reuters	4
210	01-maio-12	Potiskum	Yobe	A Nigéria Guardião	4
211	02-maio-12	Potiskum	Yobe	O Telegraph Online	50
212	04-maio-12	Kumshe	Borno	The Press Trust of India Limited	2
213	05-maio-12	Maiduguri	Borno	A Nigéria Guardião	3
214	14-maio-12	Maiduguri	Borno	Ocidental Imprensa diária	7
215	26-maio-12	Potiskum	Yobe	Agência França	2
216	30-maio-12	Maiduguri	Borno	Imprensa de Índia	10
217	31-maio-12	Maiduguri	Borno	BBC Monitoring África	2
218	01-Jun-12	Maiduguri	Borno	BBC Monitoring África	3
219	03-Jun-12	Bauchi	Bauchi	Boletins APP	21
220	05-Jun-12	Maiduguri	Borno	Reuters	16

221	08-Jun-12	Maiduguri	Borno	A Nigéria Guardião	9
222	10-Jun-12	Biu	Borno	Al Arabiya	1
223	13-Jun-12	Maiduguri	Borno	APANEWS	2
224	19-Jun-12	Damaturu	Yobe	O Muro Jornal de Notícias Em linha	3
225	24-Jun-12	Damaturu	Yobe	Agência France Presse	4
226	28-Jun-12	Gulak	Adama wa	BBC Monitoring África	5
227	29-Jun-12	Damaturu	Yobe	Imprensa de Índia	5
228	01-Jul-12	Damaturu	Yobe	Jornais de Vanguarda	3
229	02-Jul-12	Maiduguri	Borno	Agência France Presse	9
230	04-Jul-12	Maiduguri	Borno	Associado Imprensa	2
231	06-Jul-12	Damaturu	Yobe	Agência França	1
232	08-Jul-12	Bolori	Borno	Maiduguri Notícias	2
233	09-Jul-12	Maiduguri	Borno	Maiduguri Notícias	1
234	13-Jul-12	Maiduguri	Borno	Elombah	10
235	19-Jul-12	Maiduguri	Borno	Agência France Presse	4
236	22-Jul-12	Bauchi	Bauchi	Agência France Presse	1
237	25-Jul-12	Maiduguri	Borno	Reuters	3
238	25-Jul-12	Maiduguri	Borno	Notícias Xinhua Agência	2
239	26-Jul-12	Gamjuwa	Bauchi	Nigéria	3

				Guardião	
240	27-Jul-12	Maiduguri	Borno	Maiduguri Notícias	2
241	28-Jul-12	Bauchi	Bauchi	Imprensa de Índia	4
242	31-Jul-12	Mongonu	Borno	Notícias Xinhua Agência	2
243	03-Aug-12	Potiskum	Yobe	Daily Trust Nigéria	0
244	05-Aug-12	Shagari Baixo custo Habitação Património	Yobe	Associado Notícias da imprensa	9
245	08-Aug-12	Gamjuwa	Bauchi	O soco Nigéria	2
246	12-Aug-12	Maiduguri	Borno	Nigéria Soco	20
247	12-Aug-12	Bindigari Ala	Yobe	Nigeriano Tribuna	2
248	15-Ago-12	Maiduguri	Borno	Agência França	2
249	15-Ago-12	Damaturu	Yobe	Vanguarda (Nigéria)	1
250	12 16-Ago-	Ala Polo	Borno	Nigéria Guardian	1
251	21-Ago-12	Biu	Borno	Nigéria Guardião	2
252	26-Aug-12	Damaturu	Yobe	Agência França	1
253	28-Ago-12	Ramat Quadrado	Borno	Vanguarda (Nigéria)	2
254	12 29-Ago-	Maiduguri	Borno	Nigéria Guardian	5
255	12 31-Ago-	Maiduguri	Borno	Notícias da APA	5
256	12 31-Ago-	Potiskum	Yobe	Nigéria Guardian	1

		Estrada			
257	31-Ago- 12	Potiskum Estrada	Yobe	Nigéria Guardian	1
258	12 01-Set-	Marte	Borno	Vanguarda	3
259	01-Set- 12	Sulimanti Ala	Borno	Vanguarda	6
260	02-Set- 12	Gwange	Borno	Vanguarda	1
261	02-Set- 12	Ummarari Ala	Borno	Vanguarda	1
262	03-Set- 12	Sulimanti Ala	Borno	Vanguarda	8
263	04-Set- 12	Aldeia de jogos	Bauchi	EsteDia Nigéria	0
264	04-Set- 12	Maiduguri	Borno	Vanguarda	4
265	05-Set- 12	Potiskum Estrada	Yobe	Nigéria Guardian	16
266	06-Set- 12	Gwange	Borno	Nigéria Guardian	7
267	07-Set- 12	Gwange	Borno	Notícias Xinhua Agência	7
268	09-Set- 12	Maiduguri	Borno	Notícias de Cihan Agência	7
269	16-Set- 12	Zango	Bauchi	Agência França	6
270	17-Set- 12	Maiduguri	Borno	Associado Notícias da imprensa	14
271	19-Set- 12	Maiduguri	Borno	Agência França	2
272	20-Set- 12	Sulimanti Ala	Borno	Nigéria Guardian	1
273	22-Set- 12	Dala	Borno	Notícias Xinhua Agência	2

274	22-Set-12	Gamboru	Borno	Notícias da APA	2
275	23-Set-12	São João Igreja Católica	Bauchi	Associado Notícias da imprensa	4
276	23-Set-12	Damaturu	Yobe	Agência France Presse	35
277	24-Set-12	Damaturu	Yobe	Agência França	18
278	29-Set-12	Zona de West End	Borno	Nigéria Sun	4
279	01-Out-12	Mubi	Adamawa	Agência França	48
280	01-Out-12	Bairro de Abaganaram	Borno	Nigéria Guardian	20
281	01-Out-12	Maiduguri	Borno	EsteDia Nigéria	1
282	02-Out-12	Ponte Masidimami	Borno	Nigéria Guardian	2
283	06-Out-12	Gúbio	Borno	Xinhua	4
284	07-Out-12	Maiduguri	Borno	Associado Imprensa	1
285	07-Out-12	Kandahar	Yobe	Agência France Presse	30
286	08-Out-12	Maiduguri	Borno	Associado Imprensa	2
287	14-outubro-12	Gwange	Borno	Agência France Presse	4
288	15-outubro-12	Gwange	Borno	Leadership (Abuja)	3
289	15-outubro-12	Londres Zona de Cinki	Borno	Leadership (Abuja)	3
290	15-outubro-	Maiduguri	Borno	Liderança	1

	12			(Abuja)	
291	15-outubro-12	Maiduguri	Borno	Liderança (Abuja)	4
292	15-outubro-12	Maiduguri	Borno	Xinhua	24
293	15-Out-12	Maiduguri	Borno	Samay Live	10
294	16-Out-12	Maiduguri	Borno	Xinhua	12
295	17-outubro-12	Potiskum	Yobe	Associado Imprensa	24
296	18-outubro-12	Potiskum	Yobe	Agência France Presse	0
297	18-outubro-12	Ruwan Zafi	Yobe	Agência França	11
298	19-outubro-12	Maiduguri	Borno	Agência França	4
299	19-outubro-12	Nangere	Yobe	Nigéria Guardian	4
300	20-outubro-12	Maiduguri	Borno	CNN	0
301	20-outubro-12	Potiskum	Yobe	Agência França	38
302	21-outubro-12	Yindiski Ala	Yobe	Agência França	6
303	23-outubro-12	Potiskum	Yobe	Nigéria Guardian	4
304	24-outubro-12	Gwaje	Borno	Damaturu Notícias	2
305	25-outubro-12	Pólo	Borno	Nigéria Sun	1
306	26-outubro-12	Maiduguri	Borno	Maiduguri Notícias	1
307	31-outubro-12	Pólo	Borno	EsteDia Nigéria	1

308	02-Nov-12	Damboa	Borno	Agência França	3
309	04-Nov-12	Fika	Yobe	Agência França	2
310	06-Nov-12	Mubi	Adama wa	Agência France Presse	2
311	06-Nov-12	Gashua	Yobe	EsteDia Nigéria	4
312	09-Nov-12	Buni Yadi	Yobe	Nigéria Guardian	3
313	10-Nov-12	Itas	Bauchi	Vanguarda	1
314	10-Nov-12	Maiduguri	Borno	Maiduguri Notícias	1
315	13-Nov-12	Maiduguri	Borno	Nigéria Guardian	1
316	15-Nov-12	Bulabulina	Borno	Vanguarda	3
317	15-Nov-12	Kalari	Borno	Agência France Presse	1
318	18-Nov-12	Maiduguri	Borno	EsteDia Nigéria	1
319	22-Nov-12	Pólo	Borno	Liderança (Abuja)	3
320	22-Nov-12	Shokwari	Borno	Liderança (Abuja)	2
321	23-Nov-12	Maiduguri	Borno	Vanguarda	20
322	26-Nov-12	Gudumbali	Borno	Maiduguri Notícias	2
323	27-Nov-12	Maiduguri	Borno	Xinhua	4
324	27-Nov-12	Corrida	Borno	Xinhua	5

325	01-Dez-12	Chibok	Borno	Agência France Presse	10
326	02-Dez-12	Chibok	Borno	Agência França	1
327	02-Dez-12	Chibok	Borno	Agência France Presse	2
328	02-Dez-12	Damasak	Borno	Vanguarda	5
329	02-Dez-12	Maiduguri	Borno	Vanguarda	3
330	02-Dez-12	Ngala	Borno	Nigéria Guardian	2
331	03-Dez-12	Gwange	Borno	Vanguarda	11
332	03-Dez-12	Gwange	Borno	Vanguarda	1
333	03-Dez-12	Gwange	Borno	Vanguarda	2
334	03-Dez-12	Potiskum	Yobe	Nigéria Guardian	2
335	03-Dez-12	Potiskum	Yobe	Nigéria Guardian	1
336	04-Dez-12	Maiduguri	Borno	Daily Trust (Abuja)	1
337	04-Dez-12	Maiduguri	Borno	Daily Trust (Abuja)	6
338	07-Dez-12	Maiduguri	Borno	Maiduguri Notícias	1
339	08-Dez-12	Sulimanti Ala	Borno	Nigéria Sun	3
340	10-Dez-12	Dalwa	Borno	EsteDia (Abuja)	2
341	10-Dez-12	Potiskum	Yobe	Agência França	14

342	12-Dez-12	Bama	Borno	Nigéria Sun	5
343	14-Dez-12	Bolori	Borno	Daily Trust (Abuja)	1
344	14-Dez-12	Maiduguri	Borno	Nigéria Guardião	1
345	17-Dez-12	Gamboru	Borno	Nigéria Guardian	1
346	23-Dez-12	Potiskum	Yobe	EsteDia (Lagos)	15
347	24-Dez-12	Maiduguri	Borno	CNN	6
348	24-Dez-12	Potiskum	Yobe	Al Jazeera	6
349	27-Dez-12	Gamboru	Borno	Daily Trust (Abuja)	5
350	27-Dez-12	Maiduguri	Borno	Nigéria Guardian	1
351	28-Dez-12	Maiha	Adama wa	EsteDia (Lagos)	20
352	28-Dez-12	Bolori	Borno	Nigéria Guardian	1
353	28-Dez-12	Musari	Yobe	EsteDia (Lagos)	5
354	29-Dez-12	Potiskum	Yobe	Agência França	5
355	30-Dez-12	Chibok	Borno	Agência France Presse	15
356	01-Jan-13	Maiduguri	Borno	Daily Trust (Abuja)	14
357	03-Jan-13	Marte	Borno	Vanguarda	12
358	07-Jan-13	Ala Polo	Borno	Nigéria Guardian	1
359	14-Jan-13	Ngelzarma	Yobe	Nigéria Guardian	1
360	15-Jan-13	Kano	Kano	Agência	2

				France Presse	
361	19-Jan-13	Maiduguri	Borno	Daily Trust (Abuja)	1
362	19-Jan-13	Kano	Kano	Vanguarda	4
363	21-Jan-13	Damboa	Borno	Xinhua	18
364	23-Jan-13	Ala Polo	Borno	Nigéria Guardian	3
365	25-Jan-13	Tasha Ngwa	Borno	Nigéria Guardião	1
366	26-Jan-13	Maiduguri	Borno	Vanguarda	2
367	27-Jan-13	Maiduguri	Borno	EsteDia (Lagos)	8
368	30-Jan-13	Sambisa Floresta Reserva	Borno	Vanguarda	18
369	04-Fev-13	Sambisa Floresta Reserva	Borno	Nigéria Guardian	2
370	09-Fev-13	Potiskum	Yobe	Associado Imprensa	3
371	11-Fev-13	Maiduguri	Borno	Maiduguri Notícias	1
372	12-Fev-13	Bama	Borno	Nigéria Guardian	1
373	12-Fev-13	Damboa	Borno	Nigéria Guardian	1
374	12-Fev-13	Gamboru	Borno	Nigéria Guardian	4
375	18-Fev-13	Lassa	Borno	Nigéria Guardian	3
376	20-Fev-13	Maiduguri	Borno	Nigéria Guardian	4
377	22-Fev-13	Maiduguri	Borno	Vanguarda	5
378	23-Fev-	Ngalda	Gombe	Daily Trust	6

	13				
379	25-Fev-13	Maiduguri	Borno	Nigéria Guardião	4
380	28-Fev-13	Bolori	Borno	Daily Trust	6
381	03-Mar-13	Baderi	Borno	Maiduguri Notícias	1
382	03-Mar-13	Gwange	Borno	Maiduguri Notícias	1
383	03-Mar-13	Mongonu	Borno	Associado Imprensa	20
384	04-Mar-13	Gwoza	Borno	Associado Imprensa	9
385	06-Mar-13	Maiduguri	Borno	Nigéria Soco	52
386	08-Mar-13	Maiduguri	Borno	Vanguarda	22
387	11-Mar-13	Gamboru Ngala	Borno	Liderança (Abuja)	4
388	12-Mar-13	Maiduguri	Borno	Vanguarda	2
389	18-Mar-13	Mafoni	Borno	Daily Trust	3
390	18-Mar-13	Mafoni	Borno	Liderança (Abuja)	5
391	19-Mar-13	Maiduguri	Borno	Nigéria Soco	7
392	20-Mar-13	Maiduguri	Borno	Vanguarda	1
393	22-Mar-13	Gayne	Adama wa	Nigéria Guardian	25
394	25-Mar-13	Gulani	Yobe	Vanguarda	1
395	27-Mar-	Geidam	Yobe	Daily Trust	5

	13				
396	30-Mar-13	Gwoza	Borno	Nigéria Guardião	1
397	06-Abr-13	Madagali	Adama wa	Associado Imprensa	11
398	08-Abr-13	Damboa	Borno	Nigéria Guardian	1
399	09-Abr-13	Bama	Borno	Nigéria Tribuna	5
400	09-Abr-13	Dikwa	Borno	Nigéria Tribuna	4
401	11-Abr-13	Bannan Gida	Yobe	Agência France Presse	7
402	14-Abr-13	Mongonu	Borno	UPI	5
403	20-Abr-13	Baga	Borno	Associado Imprensa	62
404	24-Abr-13	Bama	Borno	Liderança (Abuja)	17
405	24-Abr-13	Gashua	Yobe	Associado Imprensa	7
406	26-Abr-13	Maiduguri	Borno	Nigéria Guardian	1
407	01-maio-13	Damboa	Borno	EsteDia (Lagos)	1
408	07-maio-13	Bama	Borno	Leadership (Abuja)	48
409	14-maio-13	Maiduguri	Borno	Vanguarda	1
410	15-maio-13	Sambisa Floresta Reserva	Borno	Al Jazeera	10
411	17-maio-13	Maiduguri	Borno	O Guardião	2

412	18-maio-13	Maiduguri	Borno	Press Trust (Índia)	17
413	24-maio-13	Maiduguri	Borno	Nigéria Tribuna	1
414	24-maio-13	Maiduguri	Borno	Vanguarda	2
415	26-maio-13	Maiduguri	Borno	Nigéria Soco	3
416	30-maio-13	Gwoza	Borno	Nigéria Guardian	1
417	30-maio-13	Maiduguri	Borno	Vanguarda	1
418	06-Jun-13	Maiduguri	Borno	Canadiano Imprensa	8
419	07-Jun-13	Maiduguri	Borno	Canadiano Imprensa	13
420	10-Jun-13	Maiduguri	Borno	Nigéria Tribuna	60
421	13-Jun-13	Bama	Borno	Nigéria Guardian	5
422	13-Jun-13	Gwoza	Borno	Este dia	2
423	16-Jun-13	Damaturu	Yobe	Reuters	0
424	16-Jun-13	Damaturu	Yobe	Reuters	9
425	17-Jun-13	Alau Barragem	Borno	EsteDia (Lagos)	13
426	17-Jun-13	Maiduguri	Borno	Notícias Internacional	9
427	19-Jun-13	Maiduguri	Borno	Vanguarda	6
428	27-Jun-13	Mainok	Borno	Vanguarda	24
429	28-Jun-13	Potiskum	Yobe	Vanguarda	1
430	29-Jun-13	Gwoza	Borno	Vanguarda	15
431	29-Jun-13	Maiduguri	Borno	Nigéria Soco	10
432	30-Jun-13	Maiduguri	Borno	Nigéria Soco	40

433	03-Jul-13	Maiduguri	Borno	Daily Trust (Abuja)	3
434	03-Jul-13	Maiduguri	Borno	EsteDia (Lagos)	5
435	06-Jul-13	Mamudo	Yobe	Associado Imprensa	30
436	14-Jul-13	Maiduguri	Borno	Nigéria Tribuna	5
437	16-Jul-13	Gurri	Jigawa	Vanguarda	3
438	20-Jul-13	Maiduguri	Borno	Vanguarda	3
439	21-Jul-13	Bama	Borno	Nigéria Guardian	7
440	22-Jul-13	Darazo	Bauchi	Vanguarda	3
441	24-Jul-13	Dikwa	Borno	Daily Trust (Abuja)	1
442	26-Jul-13	Mainok	Borno	Daily Trust (Abuja)	23
443	31-Jul-13	Waka	Borno	Associado Imprensa	8
444	04-Aug-13	Bisagana	Borno	Voz de África	17
445	06-Aug-13	Damaturu	Yobe	Nigéria Soco	6
446	09-Aug-13	Maiduguri	Borno	EsteDia (Lagos)	60
447	10-Aug-13	Maiduguri	Borno	EsteDia (Lagos)	30
448	11-Aug-13	Konduga	Borno	Agência França	44
449	15-Ago-13	Damboa	Borno	Associado Imprensa	13
450	16-Ago-13	Damboa	Borno	EsteDia (Lagos)	7
451	20-Aug-13	Baga	Borno	Associado Imprensa	44
452	13 20-Aug-	Maiduguri	Borno	Nigéria Guardian	4

453	21-Ago-13	Gwoza	Borno	Vanguarda	9
454	21-Ago-13	Ngala	Borno	Vanguarda	2
455	25-Aug-13	Bama	Borno	Agência France Presse	18
456	25-Aug-13	Damasak	Borno	Agência France Presse	6
457	27-Ago-13	Damasak	Borno	EsteDia (Lagos)	6
458	31-Ago-13	Gajiram	Borno	Vanguarda (Lagos)	17
459	31-Ago-13	Mongonu	Borno	Vanguarda (Lagos)	14
460	31-Ago-13	Mongonu	Borno	Liderança (Abuja)	24
461	02-Set-13	Maiduguri	Borno	Nigéria Guardian	17
462	04-Set-13	Konduga	Borno	Daily Trust (Abuja)	74
463	05-Set-13	Bulabulina	Borno	Prémio Times (Abuja)	8
464	05-Set-13	Maiduguri	Borno	Agência France Presse	15
465	08-Set-13	Baga	Borno	EsteDia (Lagos)	18
466	08-Set-13	Maiduguri	Borno	Agência França	18
467	10-Set-13	Konduga	Borno	Daily Trust (Abuja)	10
468	11-Set-13	Ga'anda	Adama wa	Agência França	2
469	12-Set-	Maiduguri	Borno	EsteDia	165

	13			(Lagos)	
470	13-Set-13	Banki	Borno	Vanguarda (Lagos)	3
471	14-Set-13	Bama	Borno	Agência France Presse	4
472	17-Set-13	Benisheik	Borno	Agência France Presse	142
473	17-Set-13	Maiduguri	Borno	Agência França	5
474	19-Set-13	Buni Yadi	Yobe	Vanguarda (Lagos)	100
475	25-Set-13	Fulatari	Borno	EsteDia (Lagos)	6
476	26-Set-13	Ngala	Borno	EsteDia (Lagos)	21
477	26-Set-13	Damaturu	Yobe	Agência França	3
478	29-Set-13	Benisheik	Borno	Daily Trust (Abuja)	10
479	29-Set-13	Gujba	Yobe	alemão Welle (Bona)	42
480	03-Out-13	Benisheik	Borno	Daily Trust (Abuja)	5
481	03-Out-13	Gujba	Yobe	Daily Trust (Abuja)	40
482	05-Out-13	Damboa	Borno	Associado Imprensa	7
483	06-Out-13	Bama	Borno	Serviço Geral de Notícias da Xinhua	15
484	06-Out-13	Gwoza	Borno	EsteDia (Lagos)	1
485	06-Out-13	Gwoza	Borno	EsteDia (Lagos)	1
486	07-Out-	Damboa	Borno	Vanguarda	15

	13			(Lagos)	
487	12-outubro-13	Mamudo	Yobe	Leadership (Abuja)	4
488	13-outubro-13	Pulka	Borno	Agência France Presse	40
489	20-outubro-13	Logomani	Borno	Agência França	19
490	21-outubro-13	Alagarno	Borno	Serviço Geral de Notícias da Xinhua	37
491	22-Out-13	Konduga	Borno	Daily Trust (Abuja)	10
492	22-Out-13	Goniri	Yobe	Guardião	18
493	24-outubro-13	Damaturu	Yobe	O Guardião	21
494	27-outubro-13	Banki	Borno	Liderança (Abuja)	4
495	29-outubro-13	Ningi	Bauchi	Liderança (Abuja)	4
496	30-outubro-13	Bama	Borno	Liderança (Abuja)	1
497	30-outubro-13	Bama	Borno	Liderança (Abuja)	13
498	30-outubro-13	Kaga	Borno	EsteDia (Lagos)	40
499	31-outubro-13	Gulduba	Borno	Daily Trust (Abuja)	27
500	01-Nov-13	Michika	Adama wa	Vanguarda (Lagos)	16
501	03-Nov-13	Ngoshe	Borno	Guardião	8
502	04-Nov-13	Bama	Borno	Agência França	7
503	12-Nov-13	Askira	Borno	EsteDia (Lagos)	3

504	15-Nov-13	Bitta	Borno	Voz de América	21
505	15-Nov-13	Damboa	Borno	Prémio Times (Abuja)	9
506	19-Nov-13	Konduga	Borno	Liderança (Abuja)	3
507	19-Nov-13	Gombe	Gombe	Associado Imprensa	1
508	20-Nov-13	Konduga	Borno	Liderança (Abuja)	2
509	21-Nov-13	Yola	Adama wa	Xinhua Notícias gerais Serviço	6
510	21-Nov-13	Damboa	Borno	Liderança (Abuja)	12
511	24-Nov-13	Gwoza	Borno	Daily Trust (Abuja)	51
512	28-Nov-13	Baga	Borno	Agência França	9
513	29-Nov-13	Damboa	Borno	Liderança (Abuja)	17
514	02-Dez-13	Maiduguri	Borno	Prémio Times (Abuja)	26
515	08-Dez-13	Gwoza	Borno	Xinhua Notícias gerais Serviço	5
516	11-Dez-13	Bulabulina	Borno	Liderança (Abuja)	9
517	12-Dez-13	Ngalbiama ri	Borno	Serviço Geral de Notícias da Xinhua	25
518	13-Dez-13	Maiduguri	Borno	Associado Imprensa	40
519	14-Dez-13	Gwoza	Borno	Vanguarda (Lagos)	4

520	18-Dez-13	Mubi	Adama wa	Serviço Geral de Notícias da Xinhua	10
521	19-Dez-13	Digil	Adama wa	Serviço Geral de Notícias da Xinhua	12
522	20-Dez-13	Bama	Borno	Vanguarda (Lagos)	35
523	21-Dez-13	Abadam	Borno	Agência France Presse	70
524	29-Dez-13	Alafa	Borno	EsteDia (Lagos)	56
525	29-Dez-13	Kwajaffa Babur	Borno	Associado Imprensa	4
526	29-Dez-13	Tashon Alade	Borno	Vanguarda (Lagos)	12
527	08-Jan-14	Konduga	Borno	Liderança (Abuja)	9
528	09-Jan-14	Damboa	Borno	Associado Imprensa	39
529	12-Jan-14	Konduga	Borno	EsteDia (Lagos)	5
530	14-Jan-14	Maiduguri	Borno	Daily Trust (Abuja)	30
531	14-jan-14	Tuba	Borno	Daily Trust (Abuja)	5
532	16-Jan-14	Banki	Borno	Associado Imprensa	6
533	19-Jan-14	Jere	Borno	ThisDay (Lagos)	18
534	20-Jan-14	Wulgo	Borno	Associado Imprensa	1
535	21-Jan-14	Damboa	Borno	Vanguarda (Lagos)	10
536	22-Jan-14	Damboa	Borno	Vanguarda (Lagos)	8
537	26-Jan-14	Konduga	Borno	Agência France Presse	15

538	31-Jan-14	Sabon Gari	Adama wa	Vanguarda (Lagos)	11
539	04-Fev-14	Damboa	Borno	Xinhua	50
540	04-Fev-14	Ngalda	Gombe	Xinhua	19
541	11-Fev-14	Konduga	Borno	Agência France Presse	43
542	12-Fev-14	Madagali	Adama wa	Agência França	9
543	15-Fev-14	Sabon Gari	Adama wa	EsteDia (Lagos)	65
544	15-Fev-14	Ilha	Borno	Daily Trust (Abuja)	106
545	18-Fev-14	Biu	Borno	Vanguarda (Lagos)	1
546	19-Fev-14	Bama	Borno	Amnistia Internacional	100
547	23-Fev-14	Mairamri	Borno	Vanguarda (Lagos)	2
548	25-Fev-14	Buni Yadi	Yobe	Vanguarda (Lagos)	43
549	26-Fev-14	Michika	Adama wa	Vanguarda (Lagos)	6
550	26-Fev-14	Michika	Adama wa	Agência France Presse	32
551	28-Fev-14	Maiduguri	Borno	Xinhua	13
552	01-Mar-14	Maiduguri	Borno	Associado Imprensa Internacional	35
553	01-Mar-14	Mainok	Borno	Associado Imprensa Internacional	39

554	02-Mar-14	Mafa	Borno	Agência France Presse	29
555	03-Mar-14	Jakana	Borno	Liderança (Abuja)	42
556	05-Mar-14	Mafa	Borno	Daily Trust (Abuja)	20
557	13-Mar-14	Gujba	Yobe	Leadership (Abuja)	3
558	16-Mar-14	Hawul	Borno	Vanguarda (Lagos)	2
559	17-Mar-14	Goniri	Yobe	Vanguarda (Lagos)	8
560	20-Mar-14	Ngurosoye	Borno	Liderança (Abuja)	32
561	25-Mar-14	Maiduguri	Borno	Agência França	6
562	25-Mar-14	Maiduguri	Borno	Agência France Presse	4
563	27-Mar-14	Yola	Adama wa	Vanguarda (Lagos)	11
564	29-Mar-14	Damboa	Borno	Vanguarda (Lagos)	4
565	01-Abr-14	Maiduguri	Borno	Associado Imprensa	4
566	01-Abr-14	Mulgai	Borno	EsteDia (Lagos)	19
567	05-Abr-14	Gwargube	Borno	Daily Trust (Abuja)	7
568	05-Abr-14	Buni Yadi	Yobe	Associado Imprensa	20
569	08-Abr-14	Wala	Borno	Xinhua	20
570	09-Abr-14	Potiskum	Yobe	Liderança (Abuja)	3

571	10-Abr-14	Dikwa	Borno	Daily Trust (Abuja)	8
572	12-Abr-14	Bama	Borno	EsteDia (Lagos)	60
573	12-Abr-14	Ngoshe	Borno	EsteDia (Lagos)	30
574	13-Abr-14	Kagalmari	Borno	EsteDia (Lagos)	8
575	15-Abr-14	Hawul	Borno	Prémio Times (Abuja)	2
576	16-Abr-14	Wala	Borno	Prémio Times (Abuja)	18
577	21-Abr-14	Madagali	Adamawa	EsteDia (Lagos)	5
578	21-Abr-14	Mafa	Borno	Daily Trust (Abuja)	2
579	22-Abr-14	Gwoza	Borno	Daily Trust (Abuja)	10
580	24-Abr-14	Bulabulina	Borno	Agência França	44
581	25-Abr-14	Gujba	Yobe	Vanguarda (Lagos)	3
581					6527

Fonte: acled data.com, start.umd.edu 2015.

Apêndice 2.0

Quadro A2.1: Efeito de correlação do Conflito no Nordeste da Nigéria com o seu efeito de cascata no Noroeste da Nigéria (Kano).

Preço de venda total do painço no mercado de Dawanau, Kano (Noroeste) julho de 2009 a abril de 201-₦	Fatalidade no Nordeste julho de 2009 a abril de 2014
6,050	992
5,000	7
4,000	2
4,000	6
4,000	5
5,000	6
4,000	16
4,000	23
4,900	3
5,010	10
5,900	8
6,000	23
6,025	44
5,500	79
5,700	28
5,600	8
4,250	13
5,750	112
5,750	96
5,750	236
6,000	95
7,000	42
7,250	76
7,250	80
7,250	69
8,000	49
7,000	54

5,900	148
6,250	265
6,500	58
6,020	154
6,500	85
7,000	40
7,520	159
7,500	120
7,525	87
8,250	215
8,250	91
7,500	321
6,250	663
7,500	322
7,250	165
7,500	308
7,500	157
7,400	489
7,500	235
7,400	263

Fonte: Fews.net (preço dos alimentos) 2015, acled data.com, start.umd.edu 2015

Apêndice 3.0

Quadro A3.1: Resultados estatísticos do conflito no Nordeste da Nigéria com o seu efeito de arrastamento no Noroeste da Nigéria (Kano)

SUMMARY OUTPUT								
Regression Statistics								
Multiple R	0.449034856							
R Square	0.201632302							
Adjusted R Square	0.183487582							
Standard Error	1130.212367							
Observations	46							
ANOVA								
	df	*SS*	*MS*	*F*	*Significance F*			
Regression	1	14194821.59	14194821.59	11.11245022	0.001746686			
Residual	44	56204719.72	1277379.994					
Total	45	70399541.3						
	Coefficients	*Standard Error*	*t Stat*	*P-value*	*Lower 95%*	*Upper 95%*	*Lower 95.0%*	*pper 95.0%*
Intercept	5786.288111	223.0308634	25.94388965	2.66E-28	5336.798947	6235.777275	5336.798947	6235.78
992	4.106729343	1.231944568	3.333534193	0.001746686	1.62390824	6.589550445	1.62390824	6.58955

Apêndice 4.0

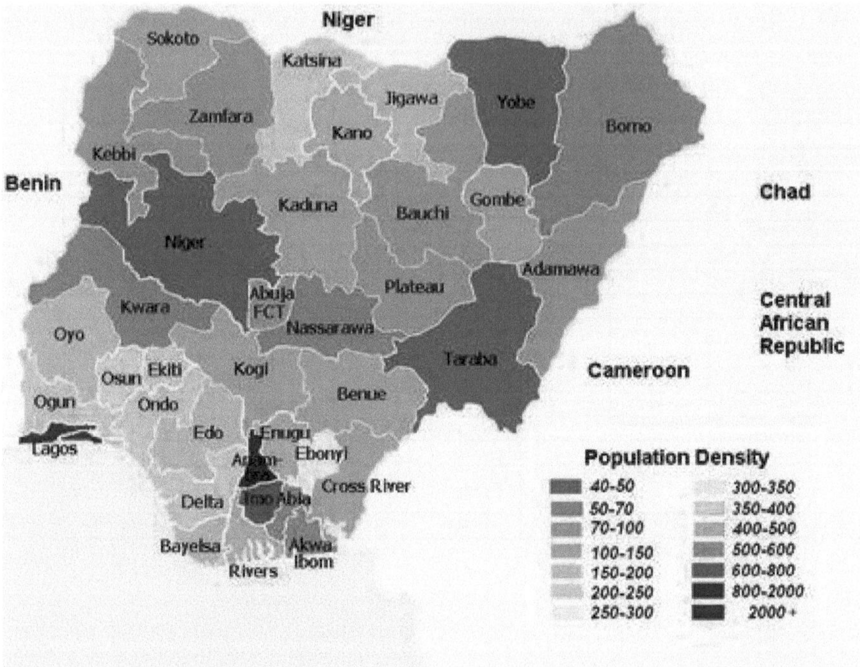

Figura A4.1: Densidade populacional da Nigéria (Gabinete de Estatística da Nigéria, 2015)

Bibliografia

Bennett, J. (1999) *North Korea: The Politics of Food Aid.* Londres: Relief and Rehabilitation Network.

Creswell, J. W. (2003) *Research design: qualitative, quantitative, and mixed methods approaches.* 2nd edn. Londres: Sage.

Ellis, F. (1988) *Peasant Economics.* Cambridge: Cambridge University Press.

Furley, O. (1995) *Conflict in Africa* . Londres: I.B Tauris Publishers.

Luck, M. (1999) *Your student research project.* Farnham: Gower Publishing.

Research method (2015) *'Positivism'* [em linha] disponível em < http://research-methodology.net/research-philosophy/positivism/ > [24 de junho de 2015]

Sijm, J. (1997) *Food Security and Policy Interventions in Sub- Saharan Africa* . Amesterdão: Thesis Publishers.

Young, H. (1992) *Food Scarcity and Famine: Assessment and Response.* Oxford: Alden Press Limited.

MIX
Papier aus verantwortungsvollen Quellen
Paper from responsible sources
FSC® C105338

Printed by Books on Demand GmbH, Norderstedt / Germany